"973 计划" 项目 (2015CB251600) 资助
国家自然科学基金项目 (51874280) 资助
江苏高校优势学科建设工程 (PAPD) 资助

U0384726

采动砂岩损伤渗流的红外辐射信息监测预警

曹克旺　马立强　著

机械工业出版社
CHINA MACHINE PRESS

本书基于实验室实验、理论推导和数值分析，对砂岩加载破裂过程中的红外辐射响应机制及其应用进行了创新性研究。首先，开展不同侧向应力下的砂岩双轴实验，采用自行设计的加载岩石多参量监测系统，分析砂岩加载破裂过程中的红外辐射噪声特征，构建了加载砂岩的"分区域-高斯核函数"的去噪模型。其次，提出高温点比例因子和累计高温点比例因子振幅的红外辐射新指标，结合应力、累计振铃计数和去噪后的平均红外辐射温度指标，建立声热综合评价模型，对砂岩双轴加载过程中的破坏前兆特征进行了研究。再次，基于塑性应变能、变形功转换方程和热传导傅里叶定律，建立加载岩石表面的红外辐射响应机制数学模型和三维塑性损伤本构模型。最后，依据热力学第一定律、非达西流表达式和经典的双弹簧模型，分析基质系统渗透率控制方程的红外辐射量化表征，建立水力耦合作用下带红外辐射数据接口的岩石内部"渗流-温度"演化模型，进而实现采用红外辐射表征加载砂岩内部的物理力学参量。

本书可供从事采矿工程及相关专业的科研人员及工程技术人员参考使用。

图书在版编目（CIP）数据

采动砂岩损伤渗流的红外辐射信息监测预警/曹克旺等著. —北京：机械工业出版社，2023. 12

ISBN 978-7-111-74253-1

Ⅰ.①采…　Ⅱ.①曹…　Ⅲ.①砂岩 – 渗流观测 – 红外辐射 – 预警系统

Ⅳ.①P588. 21

中国国家版本馆 CIP 数据核字（2023）第 222598 号

机械工业出版社（北京市百万庄大街 22 号　邮政编码 100037）

策划编辑：薛俊高　　　　　　责任编辑：薛俊高　范秋涛
责任校对：韩佳欣　王　延　　封面设计：张　静
责任印制：刘　媛

北京中科印刷有限公司印刷

2023 年 12 月第 1 版第 1 次印刷

184mm × 260mm · 8. 75 印张 · 215 千字

标准书号：ISBN 978-7-111-74253-1

定价：59. 00 元

电话服务　　　　　　　　　　网络服务

客服电话：010-88361066　　机 工 官 网：www. cmpbook. com
　　　　　010-88379833　　机 工 官 博：weibo. com/cmp1952
　　　　　010-68326294　　金 书 网：www. golden-book. com
封底无防伪标均为盗版　　机工教育服务网：www. cmpedu. com

前　言

　　岩石的损伤破裂是引发煤与瓦斯突出、冲击矿压和矿井突水等煤矿动力灾害的根本原因，也是岩石工程领域的基础和共性科学问题之一。准确有效地对岩石的损伤破裂过程进行监测，可为煤矿动力灾害预警提供可靠的前兆信息，是实现采掘面围岩破裂和渗（突）水监测预警的重要基础。岩石加载破裂过程中会伴随着红外辐射的变化。然而，目前的研究多是围绕加载岩石表面的红外辐射变化特征开展的，而没有很好地将岩石表面的红外辐射信息与其内部的损伤破裂特征建立定量关系。基于此，本书开展了不同侧向应力下的砂岩双轴实验，采用自行设计的加载岩石多参量监测系统，分析了加载砂岩的声发射和表面红外辐射特征，研究了红外辐射与岩石内部损伤破裂的内在联系，构建了基于红外辐射信息的砂岩三维塑性损伤本构模型，并以此对水力耦合作用下砂岩内部的"渗流-温度"演化规律进行了研究，取得的主要研究成果如下：

　　（1）分析了砂岩双轴加载过程中的红外辐射噪声曲线特征，提出了红外辐射温度曲线的分区域去噪方法，即将实验试样和参照试样等分为多个区域，将每一个实验试样的分区域与参照试样的所有分区域相减，确定将多项式拟合函数的相关系数作为分区域去噪的评价指标。在此基础上，采用高斯核函数作为影响函数评估某一温度点对周围温度区域的影响力，并引入红外辐射能量作为确定高斯核函数阈值的红外指标，从而判别温度点是否为噪声，该方法可以快速检测出红外辐射离群点，有效解决了红外辐射温度曲线的波动漂移难题。结合分区域去噪方法，构建了"分区域-高斯核函数"的平均红外辐射温度去噪新模型，既创新了红外辐射去噪方法，也解决了双轴加载砂岩的红外辐射温度失真难题。

　　（2）基于红外热像图，采用百分位法确定了红外辐射温度矩阵中的高温点阈值，定义了高温点比例因子振幅，采用两倍标准偏差作为高温点比例振幅突变的临界线，提出了累计高温点比例因子振幅的红外辐射新指标。结合应力、累计振铃计数和有效去噪后的平均红外辐射温度，基于主成分分析法构建了砂岩加载破裂过程中声热综合评价模型，定义了砂岩加载破裂过程中发生破坏的概率函数，实现了各声热指标对砂岩破裂破坏的影响权重量化分析。在此基础上，提出了基于声热综合评价模型一阶导数确定砂岩破坏前兆的新方法，该方法克服了加载砂岩声发射和表面红外辐射信息的离散性分析缺陷。

　　（3）基于塑性应变能和变形功转换方程，定义了砂岩等效塑性应变差值，阐明了加载砂岩的摩擦热效应；依据塑性区位置与裂纹尖端的欧氏距离，表征了裂纹塑性区的温度源密度函数，并基于热传导的傅里叶定律推导并解析了裂纹扩展热效应，建立了砂岩加载破裂过程中红外辐射响应机制的数学模型。基于该模型，通过有限元软件二次开发确定了砂岩双轴加载破裂的热传导范围。发现对于本书实验中采用的 $50\mathrm{mm} \times 50\mathrm{mm} \times 100\mathrm{mm}$ 尺寸的红砂岩，岩样表面红外辐射受到内部裂纹扩展热效应的影响范围最大为 $0.981\mathrm{cm}$，并实现了加载砂岩局部高温区域的平均红外辐射温度预测。

（4）发现了砂岩加载破裂过程中红外辐射能量与有效应力呈近幂函数关系，建立了应力第一不变量和偏应力第二不变量的红外辐射量化表征方法，提出了采用累积高温点比例因子振幅表征砂岩塑性体积应变。基于有效应力和塑性应变分别建立了砂岩塑性和损伤模型，并构建了基于红外辐射的加载砂岩三维塑性损伤本构模型，该模型具有明确物理意义的输入参数，且考虑了砂岩的压密阶段，通过有限元软件子程序二次开发实现了砂岩双轴加载过程中的应力预测。

（5）基于热力学第一定律和非达西流表达式，推导了砂岩渗流过程中内部温度与孔隙水压力的定量表达式；基于双弹簧模型，提出了采用红外辐射表征加载砂岩的应力，结合裂隙渗流控制方程和损伤变量方程，建立了基于红外辐射的水力耦合作用下砂岩内部"渗流-温度"演化模型，通过有限元软件二次开发获得了渗流和温度演化曲线。在此基础上，构建了以砂岩内部温度为输出参量的人工智能模型，对比发现随机森林算法预测性能的显著性，更适合预测水力耦合作用下砂岩内部的物理力学参量。

本书出版得到了国家"973计划"项目（2015CB251600）、国家自然科学基金项目（51874280）、矿山地质灾害成灾机理与防控重点实验室开放课题和江苏高校优势学科建设工程（PAPD）的资助。本书的研究内容得到了吴宇等学者诸多帮助和有益指导，机械工业出版社在本书出版过程中提出了诸多宝贵意见，在此表示衷心的感谢。本书参考并引用了国内外诸多文献，对这些文献的作者一并表示感谢！

由于作者水平有限，书中难免存在疏漏之处，恳请广大读者批评指正。意见或建议可发送至邮箱：ckma@cumt.edu.cn。

目　　录

第1章 绪 论

1.1 问题的提出与研究意义

世界各国对煤等化石能源的需求不断增加，到 2040 年时全球的能源需求量将达到 101.79 × 10¹⁰ t 的油当量[1]。尤其是我国计划在新中国成立 100 年左右达到社会主义现代化的战略规划前提下，对能源的需求将会持续增长，预计在新中国成立 100 年左右能源的消耗量将达到世界能量消耗量的 23%，该比例为按平均每年增加 0.7%[2] 的预测得出。《中国能源中长期发展战略报告（2030—2050）》中指出，在我国"缺油、少气、富煤"的能源分布背景下，煤炭资源在未来的 30 年之内依然是我国的主体能源[3]。

经济的快速发展必然会增加对资源的开采利用，目前全球范围内浅部资源日益短缺，煤炭资源逐渐由浅部转向深部开采。随着煤矿开采深度和规模的不断增加，由此引发的岩石工程灾害不断增多，诸如岩爆、煤与瓦斯突出、顶板冒落和渗（突）水等灾害频发。上述灾变的发生除了受到工程岩石的轴向应力影响，还与侧向应力密切相关，采动岩石的破裂损伤是引发上述灾害的根本原因[4]。采动岩石损伤破裂是一个复杂的力学演化过程，易受到岩石的物理力学性质、水、地应力、开挖扰动、裂隙分布特征和瓦斯等复杂地质环境的影响，各影响因素对岩石破坏各自起到特有的作用，对损伤破裂发生的影响方式和程度各不相同，具有一定的随机性、模糊性和不可预测性[5]。由于采动岩石损伤破裂的复杂性，国内外还没有成熟的理论和有效的预测方法，采动岩石的损伤破裂问题是影响煤矿安全开采的矿井突水、岩爆等矿山动力灾害亟需解决的基础科学问题，已成为岩石力学领域必须致力解决的基础理论和共性问题。

已有的研究表明，岩石损伤破裂的物理基础是孔隙和微裂隙等细观特征不断演化，其本质是总应变能、弹性应变能和耗散应变能三者之间的相互转换，并以电磁辐射、热能和动能等形式向外界释放能量的过程[6-10]，这也为采用声发射和红外辐射监测采动岩石的损伤破裂过程提供了理论基础。其中红外监测技术具有非接触性、携带方便、测量精度高等优点，适合监测岩石损伤破裂过程的细观演化特征，相比 SEM 和 CT 扫描，其不需要对岩石进行多次扫描获取岩石的损伤演化过程；相比声发射检测，不易受到机械振动和采掘工作面施工扰动的影响[11,12]。红外辐射目前被引用至矿山安全生产领域，是评价采动岩石损伤破裂、监测矿井渗（突）水和煤岩动力灾害的潜在有效方式之一，已经被美国 NASA、清华大学、北京大学、中南大学、东北大学和中国矿业大学等国内外著名研究机构所采用[13-19]。相关研究结果表明，岩石单轴加载破裂、剪切滑移和动力冲击过程中均会出现红外辐射异常现象，在破坏前往往会出现红外辐射时空前兆，且水对岩石破裂破坏过程中的红外辐射具有促进作用[20-25]。此外，发现了加载岩石应力对红外辐射的控制效应，基于实验室实验分析了表面红外辐射对岩石内部损伤破裂的响应规律，提出了加载岩石损伤破裂的裂纹扩展热效应[4]。

　　然而，以往的研究多是从定性的角度分析岩石加载破裂过程中的红外辐射特征，而从定量角度研究加载岩石的红外辐射信息却鲜有报告。实际上，如何量化并揭示加载岩石表面红外辐射的响应机制，构建表面红外辐射信息与岩石内部损伤破裂的定量表达式，进而实现采用红外辐射表征加载岩石内部的物理力学参量，是"遥感-岩石力学"领域的关键科学问题，也是红外监测技术应用到绿色开采和岩层控制等岩石工程的关键，对解决煤矿安全开采的矿井突水、岩爆等矿山动力灾害的基础科学问题将会有极大促进作用。基于此，本书以地下深部采掘工作面岩石损伤破裂与渗（突）水为工程背景，针对红外辐射响应机制和基于红外辐射的水力耦合渗水模型这个崭新的科研课题，结合实验室实验、损伤力学、断裂力学、统计学和数值分析等多种分析方法，尝试研究岩石双轴加载过程中的红外辐射特征。围绕热弹效应、摩擦热效应和裂纹扩展热效应，揭示加载砂岩的红外辐射响应机制，建立基于红外辐射的加载砂岩三维塑性损伤本构模型，构建水力耦合作用下砂岩内部"渗流场-温度场"的红外辐射量化表征方法。研究结果为煤矿安全开采的矿井突水、围岩稳定性评价和煤与瓦斯突出等煤矿灾害监测预警奠定了理论和实验基础。

1.2　国内外研究现状

1.2.1　岩石损伤本构模型

1. 损伤力学的概述

　　经典弹塑性理论没有考虑岩石内部因损伤引起的微裂纹扩展，以及刚度的退化和应变软化等岩石工程问题，于是损伤力学有了快速的发展，学者们开始将损伤力学理论引入到岩石工程中[26]。由于岩石内部存在原生孔隙和微裂纹等缺陷，岩石原生的孔隙和微裂纹会发生扩展，并且还会有新的微裂纹产生，微裂纹的发育会导致岩石宏观力学性能的退化，这就是通常所说的岩石损伤。造成岩石损伤的外在因素种类很多，包括岩石的承载作用、施工机械的扰动作用、高温作用、化学溶液的长期腐蚀作用、与时间有关的蠕变损伤，以及地下工程岩石多物理场耦合造成损伤等[27]。根据连续介质力学理论，岩石等材料一般存在连续分布的原始孔隙和微裂纹等缺陷，损伤力学主要研究材料破坏之前微缺陷的发育过程、材料破裂破坏机理，以及建立材料损伤演化过程中的应力应变本构模型，其研究重点仍然是连续介质[27]。

　　唯象损伤力学是基于连续介质力学的理论，假定加载岩石损伤演化过程中微缺陷服从某种分布函数，进而建立损伤变量的表达式。细观损伤力学主要从岩石等材料的原生孔隙和微裂纹的细观结构分布特征出发，研究材料损伤演化过程中细观结构的变化过程及分布特征，并结合平均化的研究方法，构建出材料的宏观力学特征与孔隙、微裂纹等细观结构演化规律的定量关系，进而推导出基于细观损伤力学的材料应力应变本构方程[28]。然而，要从岩石材料的非均匀性细观结构演化特征过渡到岩石的均匀性宏观力学特征，通常需要设定一系列的假设才能实现。岩石材料加载破裂过程中细观结构损伤演化过程较为复杂，学者们对材料细观结构演化规律还有待于进一步的研究，还需继续完善平均化研究方法的实用性[29]。尽管岩石材料的宏观唯象损伤力学和细观损伤力学在研究方法上有差别，但是两者之间相互关联，相互补充，都是研究岩石材料损伤力学不可或缺的部分。深部煤矿采掘工作面岩石属于准脆性材料，材料内部的原生孔隙和微裂纹对于岩石的宏观力学特征影响较大，在复杂的采动应力路径和多物理场的外界环境作用下，宏观唯象损伤力学方法更具有实用性，因此本书建立的岩石损伤力学模型均是基于连续介质力学理论[30]。

2. 岩石弹塑性损伤模型

构建合理的应力应变损伤本构模型是进行施工方案设计、数值模拟分析、较准确地获得岩石力学特征和评价工程岩石稳定性的基础，也是解决岩石工程科学问题的核心关键点之一。目前岩石类材料损伤力学已经应用到岩石工程中，1979 年 Dougill 和 Morz[31]最早进行岩石材料损伤力学的研究，他们基于宏观唯象损伤力学建立了考虑岩石应变软化的应力应变本构方程，之后学者们开始了岩石类材料弹塑性损伤本构模型的研究与探索工作[32-46]。

Zhou 和 Zhu[47]基于不可逆热力学建立了岩石材料的双屈服面弹塑性损伤本构模型，该模型考虑了塑性摩擦和塑性孔隙两种塑性变形机制。塑性摩擦屈服准则由一个包含体积变形效应的抛物线函数建立，而屈服函数在应力空间中的运动由其中心位置和旋转硬化规律决定。Chen 等[48]为了描述材料的固有各向异性，利用织物张量的概念引入了标量各向异性参数，并考虑了加载方向的影响，建立了各向异性的塑性损伤相互耦合的本构模型。Saksala 和 Ibrahimbegovic[49]提出了一种新的脆性或韧性岩石本构模型，该模型基于压缩时的黏塑性一致性模型和拉伸时的各向异性黏损伤一致性模型的组合。主要新颖之处在于通过损伤柔度张量的相应演化来解释损伤诱导的各向异性，Drucker-Prager 屈服函数作为压缩截止线的修正 Rankine 准则用于标定应变软化/硬化和损伤的应力状态，并且根据退化指数校准了压缩过程中与围压相关的抛物线硬化定律。Bruning 等[50]提出了基于损伤塑性建模框架的统一屈服破坏标准，以描述岩石三轴加载过程中的破裂破坏行为。这个统一的标准允许初始屈服表面通过利用适当的损伤演化法进化到最终的破坏面。这种演化自动捕获岩石在低限制压力下剪切的准脆性行为和在高限制压力下的塑性流动行为，以及从准脆性到延展反应的过渡。此外，他们还提出了一个创新的实验相关程序，以更好地将实验损伤测量与整个三轴加载的应力状态联系起来，并通过测试获得充分的压力、应变和声学损伤结果。Cai 等[51]提出了一种基于塑性应变的岩石加载破裂过程中的损伤模型，该模型由非均质函数、损伤应力应变函数、内聚函数和膨胀角函数构成，通过将微观单元强度视为威布尔函数来表征异质性。基于连续损伤力学理论，用 Weibull 函数和塑性应变定义了加载岩石损伤函数。在摩擦角不变的情况下，黏聚力和膨胀角用修正的损伤函数表示，并与非均质函数和嵌入张力截止线的"莫尔-库仑"屈服准则一起在岩土模拟器中同时实现。Cao 等[52]建立了一个多尺度模型，用于模拟含孔隙和矿物包裹体的类岩石材料的塑性变形和诱发损伤。首先从均匀化的三个步骤确定宏观塑性屈服分析准则，该标准明确考虑了三种不同尺度下两种孔隙和矿物包裹体的各自影响，通过与代表性体积单元直接模拟得出的数值结果进行比较，评估了该准则的准确性。然后，定义了诱导损伤演化规律来描述材料固体基体内部微裂纹的萌生和扩展，诱导损伤影响固体基体的弹性和强度特性，其演化与塑性变形耦合。最后，该模型的性能首先通过一系列数值例子进行评估，清楚地显示了孔隙和夹杂物对非均质材料宏观响应的影响。

1.2.2　加载岩石的红外辐射特征

1. 红外敏感波段

俄罗斯学者 Gorny VI 在研究地震时发现遥感图像出现了异常的红外辐射现象[53]，这种现象与以往地震发生时报道的异常现象均不同。之后学者们开始了地震发生时的遥感现象研究[54-55]，并由此产生了"遥感-岩石力学"新型交叉学科。自 20 世纪 90 年代起，我国科学家开始采用红外辐射对岩石单轴加载过程中的破裂破坏特征进行研究[56-58]。研究结果表明，岩石破裂破坏过程中红外辐射会发生变化，之后学者们尝试通过红外遥感技术对地震进行预测预报。此外，发现了岩石表面的红外辐射强度随着岩石的应力增高而不断增大。在此基础上，学者们分析了加载岩石破裂破坏过程中的红外辐射敏感波段[59]，发现当红外辐射波长为 3~15μm 时，岩石表面红外辐射强度值对应力的敏感性要优于其余红外波段，这也为采用红外辐射监测岩石的破裂破坏过程奠定了实验和理论基础。

为了获得不同种类岩石的红外辐射敏感波段，学者们提出了波段红外辐射特性的物理概念[60-63]，也即对于某一特定的红外辐射波段，岩石表面的红外辐射信息强度随应力变化的规律。他们对砂岩、泥岩、灰岩和花岗岩等岩石的波段红外辐射特性进行了测量。与此同时，每种岩石又划分为 86 个不同的红外波段，也即对 2924 条波段红外辐射特性进行分析研究。研究结果表明[60]，不同种类岩石的电磁辐射强度与应力值的关联度较低，而波段红外辐射特性则与应力值密切相关，当应力值小于 50MPa 时，岩石的波段红外辐射特性整体呈近线性的变化趋势。此外，红外辐射强度随岩石应力的变化率与红外辐射波段密切相关。

2. 红外辐射去噪

20 世纪 90 年代起，学者们陆续建立了实验室环境下的红外辐射观测系统，开展了不同种类岩石、不同加载方式和不同含水状态岩石的红外辐射观测实验，掀起了研究遥感岩石力学学科的浪潮[64-74]。然而，不同文献报道的红外辐射实验结果有很大的离散性，对于平均红外辐射温度指标，有些文献报道随着应力的增加呈不断上升的趋势，有些则随着应力的增加呈下降的趋势，还有呈平稳波动的变化趋势[59、64、75]。而岩石破坏时的平均红外辐射温度的突变幅度也有很大差异，有些文献报道突变幅度达 2℃，而有些文献报道突变幅度低于1℃[76]。究其原因，这些离散性差异除了与实验设备有关，例如高精度红外热像仪的非均匀性矫正，此外，还与实验时的背景环境噪声有关。如果未对实验得到的红外辐射温度进行有效去噪，则往往会造成实验结论与实际值有较大差异，从而无法准确地评估岩石的损伤特征，以及影响到对红外辐射特征做出正确的分析。因此有必要针对实验过程中的红外辐射噪声进行去噪。

截至目前，针对加载岩石的红外辐射去噪主要有四种方式，一是通过严格规范实验过程中的各种操作方法和操作步骤[76、77]，包括选取高精度的红外观测设备，调整焦平面矩阵的像素数，实验过程中关闭门窗，防止人员走动，同时对红外观测系统和岩样设置专门的遮蔽箱体，以确保空气对流引起的红外辐射温度漂移、突变等。实际上，即使实验操作再规范，也只能消除部分因操作不规范导致的噪声，而无法消除因实验环境带来的背景噪声。二是本底噪声去噪方法[78、79]，也即将岩石开始加载时的红外辐射温度矩阵作为本底，随后的每一帧红外辐射温度矩阵都与本底矩阵相减，之后再采用相减后得到的红外辐射温度矩阵作为实验结果进行分析，以此实现本底噪声去噪。本底噪声仅能消除实验开始前的噪声值，而实验过程中的背景噪声是个动态的演化过程，因此本底噪声也不能消除实验环境的背景噪声。三是中值滤波去噪方法[80-83]，该方法采用中值滤波方法消除加载岩石的脉冲噪声，采用小波去噪算法消除相干噪声。中值滤波去噪方法可以增强红外热像图中的清晰度，而对于平均红外辐射温度曲线的噪声值无法消除。四是参照试样去噪方法[84、85]，也即在加载岩样周边放置一块参照岩样,将加载岩样的平均红外辐射温度(AIRT)减去参照岩样的 AIRT,以此消除实验过程中的环境噪声。参照试样去噪方法提高了红外辐射温度的信噪比。但是该方法基于实验过程中参照岩样与加载岩样的噪声值变化趋势一致,而采用高精度的红外热像仪进行实验时,笔者发现仅有部分实验过程中参照岩样与加载岩样的噪声值呈近线性相关关系。此外,采用高精度红外热像仪进行加载岩样的红外观测实验时会伴随着红外温度矩阵的非均匀性矫正,而参照试样去噪方法无法很好地消除高精度红外热像仪的非均匀性矫正。

3. 红外辐射特征

岩石加载破裂过程中,会释放出包括红外辐射在内的声热电等信息[86-100]。红外辐射是监测岩石破坏的有效手段之一,很多学者通过实验发现,岩石在受力变形、摩擦滑动及扩容过程中均伴随有红外辐射的变化[101-113]。平均红外辐射温度(AIRT)指标具有直观和准确等优点,应用较为广泛。Wang 等[114]分析了岩石加载破裂过程中的 AIRT 变化特征,发现在塑性变形后期,AIRT 由上升到下降的转折点可作为岩石破坏的前兆点,AIRT 由下降到上升的转折点可作为岩石破坏的关键点。Sun 等[101]分析了三轴加载岩石的 AIRT 特征,发现在塑性阶段,AIRT 迅速增加,在岩爆前 AIRT 有明显的下降,表现出明显的空间分异特征,包括明显的异常带和不同地区的异常温度分异,该异常现象是岩爆发生前的重要前兆。岩石加载破裂过程中若同时出现升温和降温区域,可能会导致 AIRT 指标没有变化。为此,学者们提出了熵、红外辐射方差和红外辐射逐差方差等红外辐射新指标[11、79]。Cao 等[10]发现岩石加载破裂过程中总应变能、弹性应变能与红外辐射方差存在线性函数关系,定义了输能红外辐射系数和储能红外辐射系数。在此基础上,提出了岩石加载破裂过程中的耗能红外辐射比的定量分析指标,采用该指标可以预测和判别含水岩石的破坏。Sun 等[100]发现了加载岩石存在临破坏前兆和早期前兆,80% 的岩样出现了临破坏前兆,其发生时的应力水平约为 $0.93\sigma_{max}$。通常情况下,临破坏前兆在破坏发生前约 30.0s 被观察到。30% 的岩样出现了早期破坏前兆,早期前兆通常在破坏前 60s 左右发生,其发生时的应力水平约为 $0.80\sigma_{max}$。

学者们围绕加载岩石的红外辐射特征进行了大量的研究,取得了很多研究成果。然而,现有的研究未考虑岩石加载破裂过程中红外辐射信息的离散性,若未考虑监测数据的离散性可能会造成研究成果仅仅适用于特定的岩石工程。对于具有诸多影响因素的岩石工程灾变,诸如煤与瓦斯突出、岩爆和矿井突水等突发事故,则更易出现漏报和误报的风险。因此,有必要研究加载岩石表面红外辐射信息的离散性,以期可以总结出考虑数据离散性的规律。

1.2.3 岩石加载破裂过程中的红外辐射机制

为了揭示岩石加载破裂过程中的红外辐射机制,科学界开始了电磁辐射领域的相关研究与探索,学者们相继提出了压电场源、电动场源学说[115]。他们认为包括红外辐射在内的电磁辐射,由岩石脆性断裂壁面产生运动电子和电子的动力学效应引起的。Feng 等[116]提出压电效应和电子的动力学效应导致岩石在发生脆性断裂时发生电荷的聚集,由此形成了岩石表面电磁辐射变化的现象。尹京苑等[117]开展了不同种类加载岩石的红外辐射观测实验,证明了岩石的机械能可以直接诱发固体颗粒分子能级之间的跃迁,这一发现直接将应力与岩石表面的红外辐射能量关联起来。此外,他们还采用数理方法将应力引起的红外辐射和温度变化引起的红外辐射分离开,进而实现采用红外辐射反演岩石的应力和温度特征。Wu 等[116]认为表面红外辐射温度反映了受载岩石内部复杂的物理力学过程,热弹性效应和摩擦热效应是加载脆性岩石产生红外辐射的两个主要物理力学机制。在弹性变形阶段，热弹性效应是主要原因，而在塑性变形或破裂阶段，摩擦热效应起很大作用。其中摩擦热效应取决于两个因素，摩擦力（由正应力和摩擦系数决定）和摩擦速度。摩擦力越大，摩擦速度越快，摩擦热效应越强。Freund 等[118-121]提出了加载岩石的"空穴电荷效应"，即岩石加载破裂过程中应力激发了其内部的空穴正电荷载体，当大量的带电荷载体运移至岩石表面时，其中一部分带电荷载体会重新组合形成过氧键并释放热量，每个空穴位重新组合时释放约 2eV 的电荷能量。与此同时，这些带电荷载体会演变成振动激发态，并通过产生红外辐射光子而再次产生一定的能量，也即"空穴电荷效应"的两次释放能量是加载岩石红外辐射变化的根本原因。

由于红外监测设备只能探测岩石表面的红外辐射信息，而无法监测岩石内部的红外辐射演化特征，致使目前学者们对于红外辐射机制的探索还处于定性的分析阶段，而未能从力学的角度进行定量描述，这也是制约采用红外辐射表征岩石内部损伤和渗透性演化的原因之一。因此，有必要继续探索加载岩石表面的红外辐射响应机制。

1.2.4　加载岩石破裂渗水的红外辐射监测预警

学者们开展了不同含水状态岩石单轴加载过程中的红外辐射观测实验[10,20,122-124]，发现水对岩石的平均红外辐射温度和红外辐射方差等指标均具有促进作用（放大效应），即水会增加岩石表面红外辐射对应力响应的敏感性，这也为采用红外辐射监测岩石的破裂渗（突）水提供了可行性。李晶泽等[125]通过实验室实验和数值分析的方法，发现可以根据红外辐射温度定量表征岩石渗漏水的临界状态，并提出了渗漏水的红外辐射图像识别方法。豆海涛等[126,127]发现岩石发生渗漏水时的红外热像图呈现高温包围低温的空间分布特征，红外辐射温度沿水流方向递减，而沿着水流断面方向则呈抛物线分布。此外，针对不同表面材料的红外辐射特性提出了红外发射率的修正方法，并基于 Matlab 编程提取并优化了渗漏水发生时红外热图像的空间特征。刘善军等[128,129]发现红外辐射温度先增大后减小是混凝土破裂渗水的异常前兆，并且混凝土表面的红外辐射异常前兆早于应力异常前兆和声发射异常前兆。孙林等[130]对比分析了巷道掌子面前方不含水体、含无压水和承压水三种含水状态时的红外辐射特征，发现当掌子面前方不含水体时，红外辐射温度整体呈上升的趋势，临界破坏前红外辐射温度呈加速上升趋势；当含有无压水体时，红外辐射温度曲线呈锯齿状的波动趋势；当含有承压水体时，红外辐射温度曲线整体呈高温和低温交替的变化趋势，对应红外热像图出现大范围的低温区域。张艳博等[131]采用红外辐射与声发射联合监测岩石破裂渗（突）水过程，发现红外辐射温度随着应力的增加呈"渐变型"和"突变型"两种变化趋势，岩石渗（突）水发生前最低红外辐射温度出现由升高转为平静的转折点，对应声发射能量出现高能量的破裂事件，岩石渗（突）水的前兆出现时间依次为红外辐射、可见光和声发射。

尽管学者们针对岩石破裂渗（突）水过程开展了大量的红外观测实验，但是实验中只能获取岩石表面的红外辐射信息，声发射虽然可以监测岩石内部的破裂破坏，但是岩石加载破裂渗（突）水过程实际上是渗流和损伤耦合的过程，在相互耦合的过程中会伴随着红外辐射温度的变化。因此，若要真正实现渗（突）水过程的监测预警，还需对岩石内部的"损伤—渗流—温度"特征进行深入的研究。

第2章 砂岩加载破裂过程中的红外辐射去噪

现有的去噪技术没有考虑高精度红外热像仪的红外辐射非均匀性矫正和信息去噪，导致获取的实验曲线包含了环境噪声和红外热像仪非均匀性矫正的噪声，进而导致加载砂岩平均红外辐射温度曲线的失真。为了有效消除环境噪声和红外热像仪非均匀性矫正的噪声，本章开展了不同侧向应力下的砂岩双轴实验，采用自行设计的加载岩石多参量监测系统，基于参照试样分析了砂岩的红外辐射噪声特征，提出了红外辐射的分区域去噪方法。在此基础上，采用高斯核函数作为影响函数评估红外辐射温度点对周围温度区域的影响力，提出了红外辐射温度的高斯核函数去噪方法。结合红外辐射分区域去噪方法，构建了砂岩双轴加载过程中"分区域-高斯核函数"的去噪新模型，有效消除了实验过程中的环境噪声和红外热像仪非均匀性矫正的噪声。

2.1 红外物理学定律

2.1.1 红外辐射应用

自然界中在绝对零度以上（−273.15℃）的每个物体都会发射波长范围很广的电磁辐射，例如射频辐射、微波辐射、红外辐射和光辐射等，如图2-1所示。红外辐射属于0.7～1000μm波长范围内的电磁频谱，其中2.5～15μm的部分具有热效应，具有波粒二象性。与其他电磁波相比，红外辐射具有显著的热效应，且更容易被物质吸收，因此，也通常被学者们称为"热辐射"。红外辐射波长对人眼是看不见的，但可以通过特定的红外探测器进行视觉追踪。如图2-1所示，由于红外辐射具有非破坏性、非接触性和高灵敏度等优点，红外辐射检测广泛应用于工业、工程、军事和医疗部门。特别是在岩石工程的应用中，它被证明是一种有效的遥感方法，例如滑坡、岩爆、矿柱退化、隧道开挖和地震。根据红外辐射在大气中的传输特性，可将红外辐射光谱区按波长分为4个波段（近红外、中红外、远红外以及极远红外），不同波段的红外辐射有着不同的频率，其产生机理有很大区别。一般物质的红外波长通常为3.0～40.0μm，当物质的波长大于15.0μm时，其辐射容易被大气吸收。而3～6μm和8～14μm的红外辐射波段相对特殊，不易被大气吸收，也被称为"大气的红外波段窗口"。因此在岩石加载破裂过程的红外辐射观测实验中，通常采用3～6μm和8～14μm的红外辐射波段，来对岩石加载过程中的损伤、渗流等特征进行分析研究[66-67、132]。加载岩石表面红外辐射会发生变化，究其原因，岩石加载破裂过程中会伴随着弹性变形和塑性变形，弹性变形引起的热弹效应是加载初期岩石表面红外辐射变化的主要原因，而塑性变形引起的摩擦热效应和裂纹扩展热效应是加载后期岩石表面红外辐射变化的主要原因。此外，水对岩石表面的红外辐射具有放大效应。应力导致岩石变形的产生，而变形引发红外辐射的变化，这也是红外辐射应用于岩石工程的机理，具体将在第4章进行分析研究。

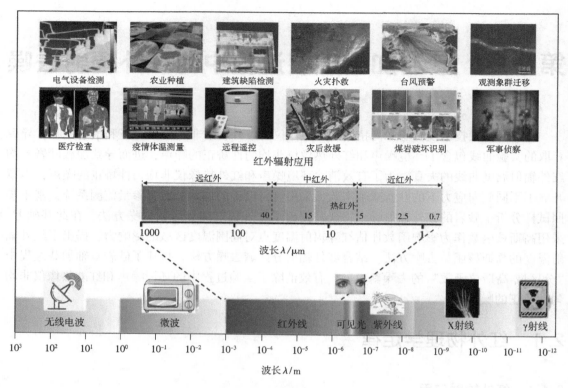

图 2-1　红外辐射的应用

2.1.2　红外辐射四大定律

砂岩破裂过程中的红外辐射变化特征遵循基尔霍夫定律、普朗克定律、维恩位移定律和斯蒂芬-玻耳兹曼定律。这四大定律是红外物理学的基础，也是研究加载岩石红外辐射特性的基本依据，对红外辐射技术的发展具有十分重要的意义。

1. 基尔霍夫定律

基尔霍夫引用了黑体这个词，以此假定可以全部吸收辐射能量的理想物体，依据基尔霍夫定律，黑体是任何辐射源可以用来对比的有效辐射体。比辐射率的定义为任何一个物体的辐射强度与黑体的发射强度的比值。物体的辐射强度 $M_{\lambda T}$ 受到温度、波长等因素的影响，物体的吸收强度 $\alpha_{\lambda T}$ 也和温度、波长等密切相关，基尔霍夫定律的定义为物体的辐射强度与吸收强度的比值，其表达式为[133]：

$$\frac{M_{\lambda T}}{\alpha_{\lambda T}} = \mathrm{const} = f(\lambda, T) \tag{2-1}$$

2. 普朗克定律

黑体辐射的光谱分布通常采用普朗克定律表征，普朗克定律推导了带辐射波长接口的表达式，结合辐射亮度与辐射密度的关系式，最终推导出黑体光谱辐射射度的表达式[133、134]：

$$M_{b\lambda} = \frac{c_1}{\lambda^5} \frac{1}{e^{c_2/\lambda T} - 1} \tag{2-2}$$

式中，$M_{b\lambda}$ 为辐射射度 [W/(m²·μm)]；c_1 和 c_2 均为辐射常数，其值分别为 3.7418 ×

108m/s 和 1.4388×10^{-16} W·m²；λ 为波长（m）；T 为黑体的温度（K）。

3. 维恩位移定律

维恩位移定律是描述辐射射度的峰值波长与其绝对温度的定律。在式（2-2）中，令 $x = c_2/\lambda T$，则有[135]：

$$M(x) = \frac{c_1 T^5}{c_2^5} \frac{x^5}{e^x - 1} \tag{2-3}$$

为了求取 $M(x)$ 最大值时对应的 x，令 $\frac{\partial M}{\partial x} = 0$，则：

$$\frac{\partial M}{\partial x} = \frac{c_1 T^6}{c_2^5} \frac{5x^4(e^x - 1) - x^5 e^x}{(e^x - 1)^2} = 0 \tag{2-4}$$

求解上式可得

$$5x^4(e^x - 1) - x^5 e^x = 0 \tag{2-5}$$

求解式（2-5）可得 $x = 4.9651142$。则最终表示式为：

$$\lambda_m T = b \tag{2-6}$$

式中，$b = (2898.8 \pm 0.4)\,\mu m \cdot K$。

4. 斯蒂芬-玻耳兹曼定律

斯蒂芬-玻耳兹曼定律的定义为全辐射射度与黑体温度之间的关系。采用式（2-2）对波长积分可得[135]：

$$M_b = \int_0^\infty M_{b\lambda} d\lambda = \int c_1/\lambda^5 (e^{c_2/\lambda T} - 1)^{-1} d\lambda \tag{2-7}$$

式中，M_b 为黑体的全辐射射度。

令 $x = c_2/\lambda T$，则

$$d\lambda = -\left(\frac{c_2}{x^2 T}\right) dx \tag{2-8}$$

若积分 λ 为 $0 \sim \infty$，则 x 为 $\infty \sim 0$，有

$$\begin{aligned} M_b &= \int_\infty^0 \frac{c_1}{(c_2/xT)^5} (e^{\frac{c_2}{(c_2/xT)T}} - 1)^{-1} \left(-\frac{c_2}{x^2 T}\right) dx \\ &= \int_\infty^0 -\frac{c_1}{c_2^4} x^3 T^4 (e^x - 1)^{-1} dx \\ &= -\frac{c_1}{c_2^4} T^4 \int_\infty^0 x^3 (e^x - 1)^{-1} dx \end{aligned} \tag{2-9}$$

因为

$$\int_0^\infty \frac{x^3}{e^x - 1} dx = \frac{\pi^4}{15} \tag{2-10}$$

所以

$$\int_\infty^0 \frac{x^3}{e^x - 1} dx = -\frac{\pi^4}{15} \tag{2-11}$$

接上式

$$M_b = \frac{c_1}{c_2^4} \frac{\pi^4}{15} T^4 \tag{2-12}$$

令

$$\frac{c_1}{c_2^4}\frac{\pi^4}{15} = \sigma \qquad (2\text{-}13)$$

则

$$M_b = \sigma T^4 \qquad (2\text{-}14)$$

式中，$\sigma = 5.67032 \times 10^{-8}[\,W/(m^2 \cdot K^4)\,]$。式（2-14）即为斯蒂芬-玻尔兹曼定律，表明黑体的全辐射射度与其温度的四次方成正比。

2.2 实验设计

2.2.1 岩样制作

由于煤系砂岩孔隙和微裂隙的分布不均匀，内部结构相差较大，如果采用煤系砂岩进行双轴加载的红外观测实验，可能会造成实验结果离散性大。为此本书计划选用质地细腻、均匀的砂岩试样，以确保实验结果的离散性较小。实验所用红砂岩试样取自山东济南某采石场，且采用一整块岩石加工而成。试样质地细腻均匀，呈褐红色。依据岩石力学实验规程加工成高径比为 2∶1 的试样[136]。由于本书采用双轴加载的方式，因此将岩样设计为长方体形状，其具体尺寸设置为 50mm × 50mm × 100mm。若岩样表面加工不平整，将会导致加载过程中受力不均匀，可能会在较小载荷时出现微裂纹，并且测出的实验数据不准确。为了防止应力集中效应，采用磨片机与砂纸对每一块岩样的端面仔细研磨，研磨后的岩样共计 72 块，如图 2-2 所示。

图 2-2　所有岩样的可见光照片

本书采用 U510 非金属超声波检测仪对 72 块岩样测定超声波波速。通过耦合剂将超声波探头与砂岩试样粘结在一起，剔除表面有明显的微裂纹等宏观损伤和超声波波速偏离超过 10% 的岩样，剔除后剩余 48 块岩样用于后续的声发射和红外辐射观测实验。将 48 块岩样放入烘干机烘烤 48h，烘烤温度为 105℃，制作成干燥岩样，并将 48 块干燥岩样平均分成 8 组，编号为 A、B、C、D、E、F、G 和 H，以 A 组为例，每组平行试样的编号 A_1、A_2、…、A_6。之后将 A、B、C 和 D 组共 24 块岩样用塑料薄膜密封保存，将 E、F、G 和 H 组浸泡于水箱中一个月，制作成饱水岩样，如图 2-3 所示。岩样浸水前先用高精度电子秤称量并记录其重量，浸泡结束后再称量并记录其重量以计算含水率。表 2-1 统计了 E、F、G 和 H 组岩样浸泡前、后的重量和含水率，E、F、G 和 H 组岩样饱和状态时的平均含水率分别为 3.13％、3.13％、3.11％和 3.22％。之后用塑料薄膜对每一块岩样密封处理，待实验前取出。

图 2-3　岩样浸泡于水箱中

表 2-1　干燥岩样的质量、浸水后岩样的质量和含水率

编号	干燥时的质量/g	浸水后的质量/g	差值/g	含水率（％）
E_1	569.42	587.75	18.33	3.22％
E_2	581.77	599.30	17.53	3.01％
E_3	560.91	580.22	19.31	3.44％
E_4	576.76	595.79	19.03	3.30％
E_5	575.60	594.21	18.61	3.23％
E_6	549.96	564.18	14.22	2.59％
F_1	556.35	574.98	18.63	3.35％
F_2	614.42	633.93	19.51	3.18％
F_3	555.98	574.12	18.14	3.26％
F_4	586.49	604.87	18.38	3.13％
F_5	561.79	578.01	16.22	2.89％
F_6	556.05	572.70	16.65	2.99％
G_1	571.01	588.25	17.24	3.02％
G_2	554.38	571.22	16.84	3.04％
G_3	547.44	564.08	16.64	3.04％
G_4	551.97	570.08	18.11	3.28％
G_5	591.87	610.09	18.22	3.08％
G_6	537.64	554.69	17.05	3.17％
H_1	577.37	595.83	18.46	3.20％
H_2	560.51	578.82	18.31	3.27％
H_3	570.60	589.20	18.6	3.26％

（续）

编号	干燥时的质量/g	浸水后的质量/g	差值/g	含水率（%）
H_4	568.67	587.39	18.72	3.29%
H_5	491.97	507.57	15.6	3.17%
H_6	549.43	566.66	17.23	3.14%

2.2.2 实验设备

实验设备采用自行设计的带参照试样的双轴加载岩石的"声-热"监测系统，该监测系统由轴力加载系统、侧向压力控制系统、声发射监测系统、高速摄像监测系统和红外辐射监测系统组成。轴力加载系统是美国 MTS 工业公司生产的电液伺服万能试验机，如图 2-4 所示，其规格及型号为 MTS C64.106。最大载荷为 1000kN，载荷测量精度和位移测量精度均为 ±0.5%，数据采集频率为 10 次/s。红外热像仪选用 FLIRA615，热灵敏度（NETD）< 0.03℃，红外分辨率为 640×480 像素，探测器像素间距为 17μm，探测器时间常数为 8ms，图像采集速率 25 帧/s，波长范围 7.5～14μm。高速摄像监测系统由德国 AVT 公司生产，如图 2-5 所示，其型号为 Manta G-507B，分辨率为 1920×1200 像素，帧频为 1～300fps，支持任意尺寸的 ROI 自定义分辨率、对比度和饱和度调节。

图 2-4　轴力加载系统

图 2-5　高速摄像监测系统

侧向压力控制系统由集控箱、油泵、伺服电动机和操作软件等组成，如图 2-6 所示，可实现双向加载、三向约束和单面卸荷。将承压声发射探头安装到侧向压头预先留设的凹槽内，可以监测双向加载和卸荷过程中试样的 AE 数据。该双轴加载装置采用油缸伺服电动机控制，最大侧向压力为 300kN，压力测量精度为 ±1%，变形测量精度均为 ±0.5%，加载速率为 0.2～5mm/min。声发射监测系统是美国声学物理公司生产的（图 2-7），型号为 PCI-2型，该系统包含全数字化 8 通道，具有 18 位 A/D、1kHz～3MHz 频率范围，采集速率为 10000 个/s。红外辐射监测系统由德国 InfraTec 公司生产（图 2-8），型号为 VarioCAM HD head 880。热灵敏度（NETD）小于 0.02℃，红外分辨率为 960×640 像素，探测器像素间距为 17μm，探测器时间常数为 8ms，图像采集速率 25 帧/s，波长范围 7.5～14μm。

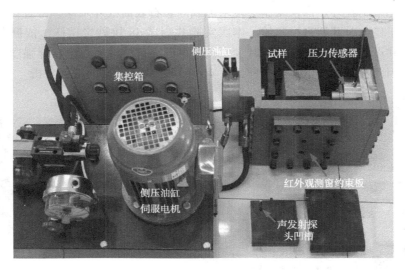

图 2-6　侧向压力控制系统

图 2-7　声发射监测系统

图 2-8　红外辐射监测

2.2.3　实验布置

由于室温状态下试验机压头和岩样下端的钢板温度均低于岩样的温度，作者前期的实验测试发现，如果将岩样直接放置于试验机下端的钢板上，在不加载的情况下岩样下端的红外辐射温度曲线呈下降的趋势，这表明岩样与下端的钢板发生了热传递。为了防止试验机压头和下端的钢板与岩样上下端发生热传递，在岩样的上、下端面各垫一层塑料薄膜，材料类型为聚对苯二甲酸乙二醇酯，厚度为 0.1mm。岩石双轴加载过程的声热监测实验布置如图 2-9 所示，采用 0.1mm/min 的等位移加载方式，红外热像仪的录制频率为 25fps/s[4]。实验开始前，作者采用超声波测试剔除的岩样做侧向压力测试，发现当侧向应力超过 30MPa，在没有施加轴向应力的情况下少数岩样表面出现了宏观裂纹。因此，将实验的最大侧向应力设置为 30MPa。本实验的侧向应力设置了 4 个梯度，其余三个侧向应力值分别设置为 0、10MPa 和

20MPa。其中 A、B、C 和 D 组为干燥状态岩样，侧向应力分别设置为 0、10MPa、20MPa 和 30MPa，E、F、G 和 H 组为饱水状态岩样，侧向应力分别为 0、10MPa、20MPa 和 30MPa。实验开始前，先采用红外热像仪录制一段未加载的岩石表面红外录像，待岩石表面的平均红外辐射温度趋于稳定时开始进行实验。本次实验共测试 48 块砂岩试样，依据含水状态和不同侧向应力值共设定 8 组岩样，为了减少实验数据的离散性，将每组岩样强度最偏离平均值的一个去掉。因此，每组剩下 5 块岩样，共 40 块用于后续数据的统计分析。

图 2-9　岩石双轴加载实验布置

2.3　红外辐射指标

2.3.1　常用指标

　　红外热像仪将可见光视频转换成红外辐射视频的格式，在红外辐射视频上，沿着岩样被观测的表面轮廓选择一个有效区域，用红色的矩形表示，如图 2-10 所示。有效区域内的数据将通过红外软件转换成 CSV 格式的表格。与此同时，软件还将导出对应的时间序列，T_0、$T_1 \cdots T_n$，其中 T_0 是实验开始的时间，等于 0。需要注意的是，红外软件提供的仅仅是时间序列和 CSV 格式的数据表格。本书采用 matlab 2021 软件实现对红外辐射数据的后处理，以期获得研究中所需的红外辐射指标，其后处理步骤如图 2-10 所示。CSV 格式的数据表格通过 matlab 2021 软件转换成一序列帧数的二维温度矩阵。第 p 帧的红外辐射数据矩阵可以表示为：

$$f_p(x, y) = \begin{bmatrix} f_p(1, 1) & f_p(1, 2) & \cdots & f_p(1, L_y) \\ f_p(2, 1) & f_p(2, 2) & \cdots & f_p(2, L_y) \\ \vdots & \vdots & \ddots & \vdots \\ f_p(L_x, 1) & f_p(L_x, 2) & \cdots & f_p(L_x, L_y) \end{bmatrix} \tag{2-15}$$

　　式中，P 为红外热像序列矩阵中的帧数。L_x 和 L_y 为一帧红外热像序列矩阵数据的行数和列数。矩阵中的元素表示该位置岩石的温度值，其大小表示红外辐射场的强度，从而形成此时岩石表面红外辐射温度的空间分布。

　　平均红外辐射温度（AIRT）反映岩石表面整体红外辐射强度，也即为岩石表面红外辐射温度的平均值，其表达式为[4]：

$$\text{AIRT}(p) = \frac{1}{L_x}\frac{1}{L_y}\sum_{x=1}^{L_x}\sum_{y=1}^{L_y}f_p(x,y) \tag{2-16}$$

红外辐射方差（IRV）可以反映整个岩石表面红外辐射温度值的离散程度，可通过计算红外辐射热像序列矩阵的方差值得到，其表达式为[79]：

$$\text{IRV}_p = \frac{1}{M}\frac{1}{N}\sum_{y=1}^{N}\sum_{x=1}^{M}\left[f_p(x,y) - \text{AIRT}_p\right]^2 \tag{2-17}$$

差分红外辐射方差的物理意义为相邻两帧红外热像图差值温度场的方差势。其值越大，表明原始红外热像图瞬时（前后两帧）的温度场离散程度越大。第 p 帧差分红外辐射方差 $\left[\text{VSMIT}(p)\right]$ 表达式为[4]：

$$\text{VSMIT}(p) = \frac{1}{L_x}\frac{1}{L_y}\sum_{y=1}^{L_x}\sum_{x=1}^{L_y}\left[\varphi_p(x,y) - \text{AIRT}(p)\right]^2 \tag{2-18}$$

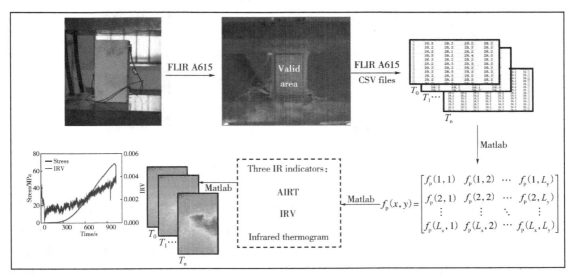

图 2-10 红外辐射数据处理流程

2.3.2 高温点比例因子

相较于平均红外辐射温度和红外辐射方差等量化指标，红外热像图可更好地反映加载岩石表面的红外辐射的空间信息。图 2-11 为岩样 D_3 双轴加载过程中的红外热像图，岩样从实验开始至应力水平 $0.80\sigma_{max}$ 的加载过程中，红外热像图中间部位的黄色区域整体逐渐变暗（温度降低），峰值应力时的红外热像图中右侧部位的黄色区域开始慢慢变亮，峰后阶段应力水平 $0.90\sigma_{max}$ 时该部位的黄色亮区域逐渐显露。随着加载的进行，应力水平 $0.80\sigma_{max}$ 时黄色亮区域迅速扩展发育。在峰后阶段应力水平 $(0.80\sim0.40)\sigma_{max}$ 的双轴加载过程中，黄色亮区域的面积不断扩大。岩石双轴加载过程中，异常高温区域的出现与其内部微破裂的发生区域有关，若微破裂产生的区域集中，热量传递至岩石表面导致红外热像图出现异常的高温区域；反之，则红外热像图不出现异常的高温区域。然而，岩石内部结构可能具有不同的特征，例如颗粒尺寸、颗粒分布和原始缺陷。因此，只有部分岩样的红外热像图在破裂破坏过程中会出现空间异常现象。所以，只采用红外热像图分析岩石的破裂破坏特征不具有普遍的适用性，还必须找出红外新指标。本节基于红外热像图定义了红外高温点，提出高温点比例因子定量分析指标，即高温点数量占温度点总数的比例。

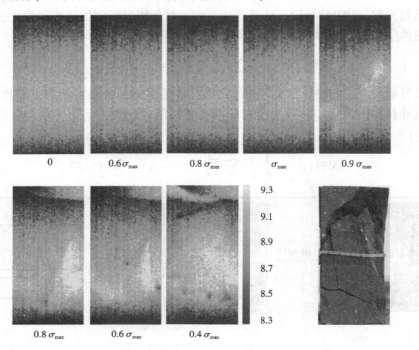

图 2-11　岩样 D_3 双轴加载过程中的红外热像图

在红外热像图中，将温度值超过某临界值的采样点称为高温点，该临界值称为高温点阈值，本书采用百分位法确定高温点阈值[137-139]。由于扩容起始点时岩样的变形由裂纹稳定扩展转为非稳定扩展状态，扩容起始点应力水平不仅可以作为评价岩石内部孔隙及微裂隙发育程度的指标之一，也可以作为岩石破坏的预警应力之一。实际上，岩石是在扩容起始点时开始发生微裂隙的延伸和岩石的破坏，因此笔者选择扩容起始点时的红外热像图作为确定高温点阈值的基准红外热像图。砂岩的扩容起始点应力水平约为 $0.77\sigma_{max}$[140]，将应力水平 $0.77\sigma_{max}$（扩容起始点的应力水平）对应的红外热像图中各温度点按升序排列，得到序列 $\{x(i),\ i=1,\ 2,\ 3,\ \cdots,\ n\}$，则 α 百分位计算公式如下[137、138]：

$$x_\alpha = (1-\alpha)x_j - bx_{j+1} \tag{2-19}$$

式中，$j = \mathrm{floor}(p(n+1))$，$\mathrm{floor}(\ )$ 为取整函数；p 为 $\{x(i)\}$ 中小于等于 x_α 的概率，即 $p = N\{x_j < x_\alpha\}/n$；$b$ 为权重系数，$b = p(n+1) - j$；α 介于 $0 \sim 99$ 取整，α 百分位后的值即为高温点。

在红外热像图中，将高温点的数量占温度点总数的比例定义为高温点比例因子，公式如下：

$$\mathrm{HTPSF} = \frac{m}{M} \tag{2-20}$$

式中，HTPSF 为高温点比例因子，m 为红外热像图内高温点数量，M 为红外热像图内温度点的总数。

将 $0.77\sigma_{max}$ 对应的红外热像图中，第 60、70 和 80 百分位点作为岩样高温点阈值的备选值，以岩样 H_1 为例进行分析，并做出高温点比例因子随时间的变化趋势图，如图 2-12 所示。α 取 60 时，加载岩样的高温点比例因子整体呈先下降后平稳的变化趋势，其平均值为 0.513。α 取 70 时，加载岩样的高温点比例因子呈"缓慢下降—平稳波动—快速上升"的变化趋势。α 取 80 时，岩样在加载中期时的高温点比例因子趋近于 0，这表明阈值选取得较高，可能会造成部分时刻的红外辐射信息失效。对比 α

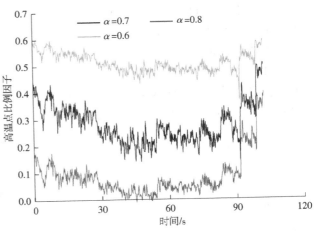

图 2-12　岩样 H_1 双轴加载过程中 HTPSF 变化曲线

取 60 和 70 时的高温点比例因子曲线，α 取 60 时高温点比例因子曲线相对平稳，α 取 70 时高温点比例因子曲线变化趋势相对较大，这表明对应力的响应较为敏感，对其他岩样进行处理也得到类似的结果。综上，确定 $0.77\sigma_{max}$ 的红外热像图中第 70 个百分位点作为岩样的高温点阈值。

2.4　分区域-高斯核函数去噪模型

砂岩双轴加载过程中红外辐射会受到周围环境温度的影响。与此同时，高精度红外热像仪的非均匀性矫正，也即实验过程中红外辐射系统的自动温度调节，会导致加载岩石表面的平均红外辐射温度（AIRT）曲线呈阶梯性突变特征。这些噪声叠加在一起会造成实验获取的红外辐射温度值失真，其中 AIRT 曲线上的很多突变实际是由噪声引起的[82]，而这些噪声信号常常被误用为真实的平均红外辐射温度来研究加载岩石的破裂破坏过程，显然会降低得出结论的准确度，严重时甚至会导致结论错误。为此，本书改进了参照试样去噪方法，对实验组和参照组砂岩双轴加载过程中的红外温度矩阵进行划分区域，将实验组砂岩的每一个分区分别与参照组砂岩的所有区域做差，确定加载砂岩每个分区域的最优去噪结果。在此基础上，采用高斯核函数作为影响函数评估红外辐射温度点对周围温度区域的影响力，建立了"分区域-高斯核函数"去噪的新模型，实现了加载砂岩表面红外信息的有效去噪。

2.4.1　砂岩双轴加载过程中的噪声特征

本书在进行双轴加载砂岩的红外辐射观测实验时，在实验砂岩试样的两侧分别放置了参照试样 1 和参照试样 2，参照试样 1 和 2 在实验过程中不加载，则实验过程中参照试样 1 和参照试样 2 表面的 AIRT 变化即为噪声值，分别为噪声曲线 1 和噪声曲线 2。作者对砂岩双轴加载实验过程中参照试样的 AIRT 进行分析，总结出噪声曲线可以大致分为平稳型、上升型、突变型和平稳突变型。图 2-13 为砂岩双轴加载过程中的四种类型噪声变化趋势以及噪声温度的频率直方图。平稳型噪声的温度曲线呈近直线的波动状态，其对应的频率分布直方图呈标准的高斯函数分布形态。上升型噪声的温度曲线刚开始呈上升的趋势，接近 300s 时出现了突降，之后继续上升，在 680s 开始转为下降的趋势，对应频率分布直方图上温度点的频数主要集中与 11.24 ~ 11.30℃，且最大频数位于图形的右侧。突变型噪声的温度曲线在未发生突变前呈下降的趋势，每次突变都对应着整体温度的升高，这些突变主要是由于高精度红外热像仪的非均匀性温度矫正，对应频率分布直方图上温度点的频数主要集中于 10.00 ~ 10.04℃。平稳突变型噪声的温度曲线在突变前呈平稳的变化趋势，在第 126s 时发生突变，之后噪声温度曲线呈略有下降的变化趋势，对应频率分布直方图上温度点的频率在 10.20 ~ 10.22℃取得最大值，其值为 0.244。

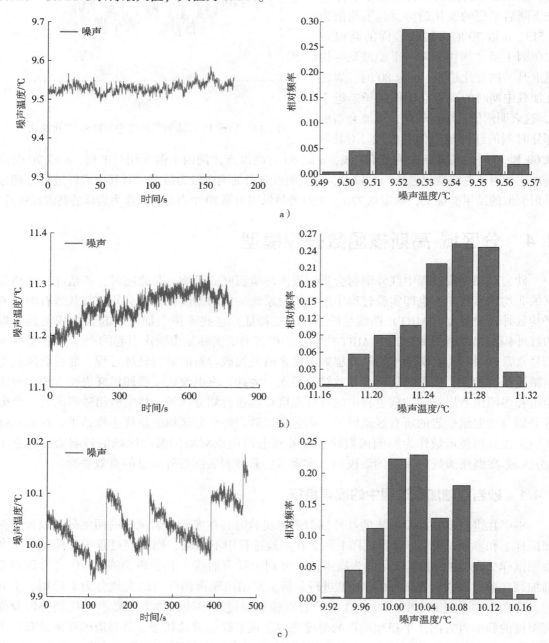

图 2-13　四种类型噪声变化趋势以及噪声温度的频率直方图

a) 平稳型　b) 上升型　c) 突变型

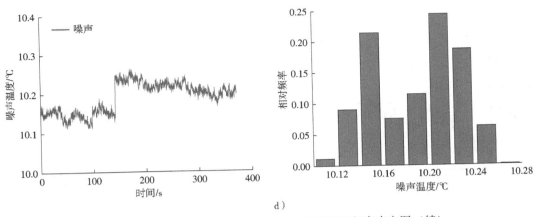

d）

图 2-13　四种类型噪声变化趋势以及噪声温度的频率直方图（续）

d）平稳突变型

图 2-14 为噪声曲线 1 和噪声曲线 2 的变化趋势及线性相关性分析图，其中噪声曲线 1 和噪声曲线 2 分别为参照试样 1 和参照试样 2 的噪声趋势，通过分析两个参照试样噪声的相关性，可以为选取去噪方法以及后期评价去噪效果奠定基础。如图 2-14 所示，平稳型的噪声曲线 1 和噪声曲线 2 整体变化趋势一致，但是其线性相关系数仅为 0.579，这表明两条曲线虽然大体趋势相同，但是细微波动情况有差异。若采用传统的参照试样去噪方法[85]，即实验试样的 AIRT 减去参照试样的去噪方法则有可能将真实的温度值剔除。上升型的噪声曲线 1 和噪声曲线 2 在 313s 之前两者的变化趋势一致，且噪声曲线 1 的温度值高于噪声曲线 2，而在 313s 之后两者变化趋势趋于一致，对应噪声曲线 1 和噪声曲线 2 的线性相关系数仅为 0.232，也即两者之间没有线性相关性。因此，针对上升型噪声无法采用实验试样的 AIRT 减去参照试样的去噪方法实现去噪。突变型、平稳突变型的噪声曲线 1 和噪声曲线 2 的变化趋势较为一致，且噪声曲线 1 和噪声曲线 2 的温度曲线线性相关性高，分别为 0.961 和 0.931，针对突变型、平稳突变型噪声可以采用实验试样的 AIRT 减去参照试样的去噪方法实现去噪。但是直接相减的去噪方法仅适用于部分岩样，而采用高精度红外热像仪进行实验时，突变型的噪声更为常见。因此，针对现有去噪方法的不足，下文将提出新的去噪方法。

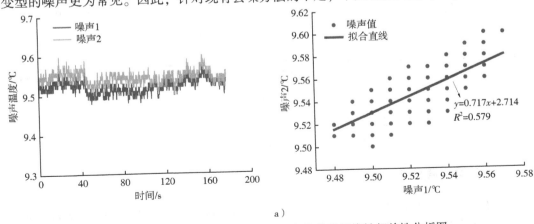

a）

图 2-14　噪声曲线 1 和噪声曲线 2 的变化趋势及线性相关性分析图

a）平稳型

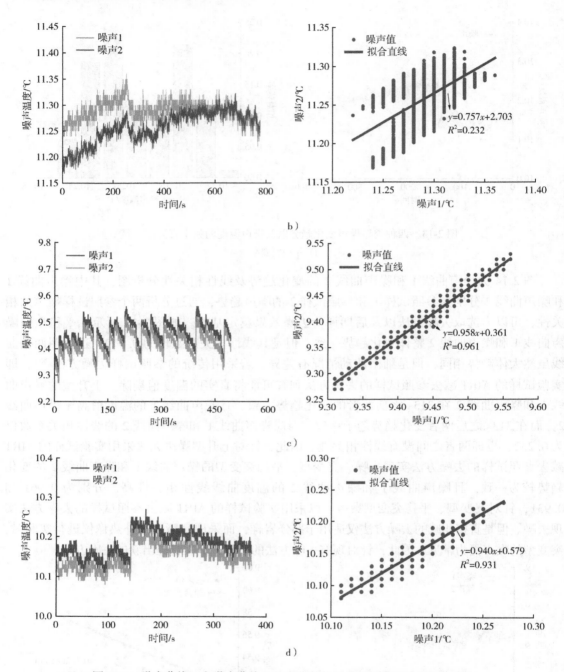

图 2-14　噪声曲线 1 和噪声曲线 2 的变化趋势及线性相关性分析图（续）
b）上升型　c）突变型　d）平稳突变型

2.4.2　分区域去噪模型

图 2-15 为本章提出的加载砂岩表面红外辐射信息分区域去噪的流程图，下面依据流程图划分为具体步骤进行详细解释。步骤 1，进行煤岩试样单轴加载的红外辐射观测实验，设置实验组煤岩试样和对照组试样，将实验组煤岩试样放置于加载平台上，对照组煤岩试样放

于置物平台上，保持实验组和对照组煤岩试样在同一水平高度。用塑料隔板在实验区域四周 2m 处设置观测区域，观测区域内禁止人员走动，将红外热像仪放置于试样正前方 1m 处。采用压力机对实验组煤岩试样施加外载荷，此间采用红外热像仪对实验组煤岩试样和对照组煤岩试样进行不间断录制，并利用计算机分别收集红外辐射数据。

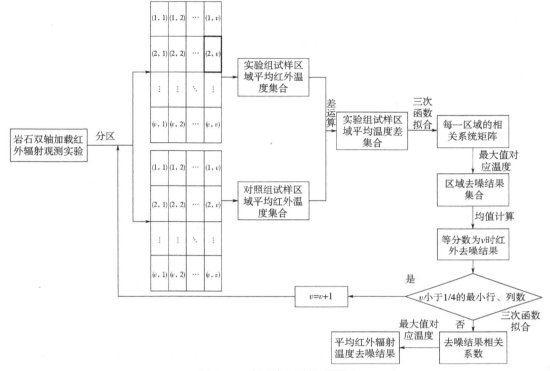

图 2-15　分区域去噪的流程图

步骤 2，采用 matlab 软件将实验试样和参照试样的红外辐射数据矩阵平均划分成 $v \times v$ 个区域，图 2-16 为加载岩石表面红外辐射观测面的分区域示意图。v 的取值范围为：

$$v \leqslant h = \min(m, n)/4, \quad v \in N^* \tag{2-21}$$

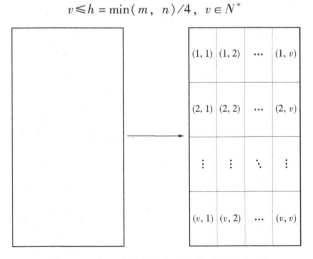

图 2-16　红外辐射观测面的分区域示意图

对实验试样和参照试样划分为 v 个边长相等的分区域，则加载砂岩表面的分区域编号依次为 $[(1,1), (1,2), \cdots, (1,v); (2,1), (2,2), \cdots, (2,v); (v,1), (v,2), \cdots, (v,v)]$，依据分区域得到红外辐射温度子矩阵集合：

$$A_{\mathrm{k}} = \left\{ \begin{matrix} T_{\mathrm{k}}^{1,1} & T_{\mathrm{k}}^{1,2} & \cdots & T_{\mathrm{k}}^{1,v} \\ T_{\mathrm{k}}^{2,1} & T_{\mathrm{k}}^{2,2} & \cdots & T_{\mathrm{k}}^{2,v} \\ \vdots & \vdots & \ddots & \vdots \\ T_{\mathrm{k}}^{v,1} & T_{\mathrm{k}}^{v,2} & \cdots & T_{\mathrm{k}}^{v,v} \end{matrix} \right\} \tag{2-22}$$

即：

$$\begin{pmatrix} x_{1,1} & x_{1,2} & \cdots & x_{1,n-1} & x_{1,n} \\ x_{2,1} & x_{2,2} & \cdots & x_{2,n-1} & x_{2,n} \\ \vdots & \vdots & \ddots & \vdots & \vdots \\ x_{m-1,1} & x_{m-1,2} & \cdots & x_{m-1,n-1} & x_{m-1,n} \\ x_{m,1} & x_{m,2} & \cdots & x_{m,n-1} & x_{m,n} \end{pmatrix} \Rightarrow$$

$$\left\{ \begin{matrix} \begin{pmatrix} x_{1,1} & \cdots & x_{1,n/v} \\ \vdots & \ddots & \vdots \\ x_{m/v,1} & \cdots & x_{m/v,n/v} \end{pmatrix} & \cdots & \begin{pmatrix} x_{1,(v-1)n/v+1} & \cdots & x_{1,n} \\ \vdots & \ddots & \vdots \\ x_{m/v,(v-1)n/v+1} & \cdots & x_{m/v,n} \end{pmatrix} \\ \vdots & \ddots & \vdots \\ \begin{pmatrix} x_{(v-1)m/v+1,1} & \cdots & x_{(v-1)m/v+1,n/v} \\ \vdots & \ddots & \vdots \\ x_{m,1} & \cdots & x_{m,n/v} \end{pmatrix} & \cdots & \begin{pmatrix} x_{(v-1)m/v+1,(v-1)n/v+1} & \cdots & x_{(v-1)m/v+1,n} \\ \vdots & \ddots & \vdots \\ x_{m,(v-1)n/v+1} & \cdots & x_{m,n} \end{pmatrix} \end{matrix} \right\} \tag{2-23}$$

式中，A_{k} 为第 k 帧热像序列的红外辐射温度子矩阵集合；$T_{\mathrm{k}}^{1,1}$ 为第 k 帧红外辐射温度矩阵中的区域 $(1,1)$ 的子矩阵；x 为红外辐射温度矩阵中某元素的温度值；m 和 n 为红外辐射温度矩阵行数和列数；v 为行、列等分数。其中，m/v 和 n/v 只取整数部分，红外辐射温度矩阵多余的行、列舍去。

步骤 3，计算实验组和对照组砂岩试样每一个红外辐射温度子矩阵的平均红外辐射温度，称为区域平均红外辐射温度，得到加载过程中实验组和对照组煤岩试样区域平均红外辐射温度集合，称为区域平均温度集合，如下式所示：

$$\mathrm{RAIRT}_{\mathrm{k}}^{\mathrm{e,s}} = \frac{v^2}{mn} \sum_{i}^{m/v} \sum_{j}^{n/v} T_{\mathrm{k}}^{\mathrm{e,s}}(i,j) \tag{2-24}$$

$$\mathrm{RATS}_{\mathrm{ex}} = \left\{ \begin{matrix} \mathrm{RAIRT}_{\mathrm{ex}}^{1,1} & \mathrm{RAIRT}_{\mathrm{ex}}^{1,2} & \cdots & \mathrm{RAIRT}_{\mathrm{ex}}^{1,v} \\ \mathrm{RAIRT}_{\mathrm{ex}}^{2,1} & \mathrm{RAIRT}_{\mathrm{ex}}^{2,2} & \cdots & \mathrm{RAIRT}_{\mathrm{ex}}^{2,v} \\ \vdots & \vdots & \ddots & \vdots \\ \mathrm{RAIRT}_{\mathrm{ex}}^{v,1} & \mathrm{RAIRT}_{\mathrm{ex}}^{v,2} & \cdots & \mathrm{RAIRT}_{\mathrm{ex}}^{v,v} \end{matrix} \right\} \tag{2-25}$$

$$\mathrm{RATS}_{\mathrm{co}} = \left\{ \begin{matrix} \mathrm{RAIRT}_{\mathrm{co}}^{1,1} & \mathrm{RAIRT}_{\mathrm{co}}^{1,2} & \cdots & \mathrm{RAIRT}_{\mathrm{co}}^{1,v} \\ \mathrm{RAIRT}_{\mathrm{co}}^{2,1} & \mathrm{RAIRT}_{\mathrm{co}}^{2,2} & \cdots & \mathrm{RAIRT}_{\mathrm{co}}^{2,v} \\ \vdots & \vdots & \ddots & \vdots \\ \mathrm{RAIRT}_{\mathrm{co}}^{v,1} & \mathrm{RAIRT}_{\mathrm{co}}^{v,2} & \cdots & \mathrm{RAIRT}_{\mathrm{co}}^{v,v} \end{matrix} \right\} \tag{2-26}$$

式中，$RAIRT_k^{e,s}$ 为试样 (e, s) 区域的 AIRT 值，$(e = 1, 2\cdots v, s = 1, 2\cdots v)$；$T_k^{e,s}$ (i, j) 为 (e, s) 区域中第 i 行 j 列个元素，$(i = 1, 2\cdots m/v, j = 1, 2\cdots n/v)$；$RATS_{ex}$ 和 $RATS_{co}$ 为实验试样和参照试样的区域 AIRT 集合。

图 2-17 为 v 等于 10 时实验组和对照组试样 $(1, 1)$ 区域的平均红外辐射温度。从图 2-17 可以看出，区域 $(1, 1)$ 的参照试样 AIRT 在非均匀性矫正出现前呈下降的趋势，由于红外热像仪非均匀性矫正的缘故，整体呈平稳的变化趋势，区域 $(1, 1)$ 加载试样随着应力的增加整体呈上升的变化趋势。

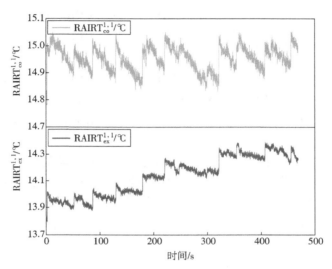

图 2-17　v 等于 10 时实验组和对照组试样 $(1, 1)$ 区域的平均红外辐射温度

步骤 4，分别对整个加载过程中，实验组的每一个区域平均红外辐射温度与对照组所有的区域平均红外辐射温度进行差运算，得到实验组每一区域平均红外辐射温度差集合，称为区域平均温度差集合，如下式所示：

$$RATDS^{e,s} = \begin{Bmatrix} RATD_{1,1}^{e,s} & RATD_{1,2}^{e,s} & \cdots & RATD_{1,v}^{e,s} \\ RATD_{2,1}^{e,s} & RATD_{2,2}^{e,s} & \cdots & RATD_{2,v}^{e,s} \\ \vdots & \vdots & \ddots & \vdots \\ RATD_{v,1}^{e,s} & RATD_{v,2}^{e,s} & \cdots & RATD_{v,v}^{e,s} \end{Bmatrix} = RAIRT_{ex}^{e,s} - RATS_{co} \qquad (2\text{-}27)$$

式中，$RATDS^{e,s}$ 为实验组试样 (e, s) 区域的平均温度差集合，$RATD_{1,1}^{e,s}$ 为 (e, s) 区域平均温度差集合中的第 1 行、第 1 列的平均红外辐射温度差，$RAIRT_{ex}^{e,s}$ 为实验组试样 (e, s) 区域的平均红外辐射温度。

步骤 5，采用三次多项式函数对实验试样每个分区域的 AIRT 差曲线进行非线性拟合，得到每一个区域的相关系数值，进而形成分区域的 AIRT 差矩阵，其表达式为：

$$RCCM^{e,s} = \begin{pmatrix} r_{1,1}^{e,s} & r_{1,2}^{e,s} & \cdots & r_{1,3}^{e,s} \\ r_{2,1}^{e,s} & r_{2,2}^{e,s} & \cdots & r_{2,v}^{e,s} \\ \vdots & \vdots & \ddots & \vdots \\ r_{3,1}^{e,s} & r_{3,2}^{e,s} & \cdots & r_{v,v}^{e,s} \end{pmatrix} \qquad (2\text{-}28)$$

式中，$\text{RCCM}^{e,s}$ 为 (e, s) 区域 AIRT 差的相关系数矩阵，$r_{1,1}^{e,s}$ 为 (e, s) 区域相关系数矩阵第 1 行、第 1 列的相关系数。

步骤 6，计算实验组试样每一个区域相关系数矩阵中的最大值，提取该值所对应的平均红外辐射温度差，为该区域平均红外辐射温度的最优去噪结果，得到区域去噪结果集合，如下式所示：

$$r_{p,q}^{e,s} = \max\left(\text{RCCM}^{e,s}\right) \tag{2-29}$$

$$\text{RDR}^{e,s} = \text{RATD}_{p,q}^{e,s} \tag{2-30}$$

$$\text{RDRS} = \begin{Bmatrix} \text{RDR}^{1,1} & \text{RDR}^{1,2} & \cdots & \text{RDR}^{1,v} \\ \text{RDR}^{2,1} & \text{RDR}^{2,2} & \cdots & \text{RDR}^{2,v} \\ \vdots & \vdots & \ddots & \vdots \\ \text{RDR}^{v,1} & \text{RDR}^{v,2} & \cdots & \text{RDR}^{v,v} \end{Bmatrix} \tag{2-31}$$

式中，$r_{p,q}^{e,s}$ 为 (e, s) 区域相关系数矩阵中的最大值；p 和 q 为区域相关系数矩阵中的第 p 行和第 q 列；$\text{RDR}^{e,s}$ 为 (e, s) 区域的最优去噪结果；RDRS 为实验组试样的区域去噪结果集合。

图 2-18 为 v 等于 10 时 $(1, 1)$、$(5, 5)$ 和 $(10, 10)$ 区域的最优去噪结果。如图 2-18 所示，与区域 $(1, 1)$ 未分区域去噪前的 AIRT 曲线对比发现，经过分区域去噪后该区域的 AIRT 曲线几乎消除了因红外热像仪非均匀性矫正带来的突变，区域 $(1, 1)$、$(5, 5)$ 和 $(10, 10)$ 去噪后的 AIRT 曲线整体较为光滑，呈近直线的上升趋势。

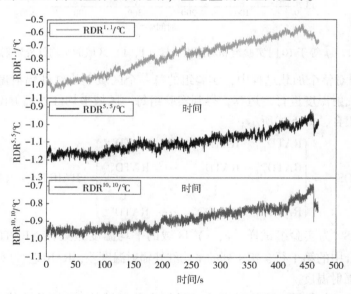

图 2-18　v 等于 10 时 $(1, 1)$、$(5, 5)$ 和 $(10, 10)$ 区域的最优去噪结果

步骤 7，计算实验试样每个分区域去噪结果的平均值，实验试样的 AIRT 去噪结果如下式所示：

$$\text{IRDR}_v = \frac{1}{vv} \sum_e^v \sum_s^v \text{RDRS}\{e, s\} \tag{2-32}$$

式中，IRDR_v 为等分数为 v 时实验试样的 AIRT 去噪结果，$\text{RDRS}\{e, s\}$ 为实验组试样

的区域去噪结果集合中第 e 行、第 s 列的去噪结果。

图 2-19 为 v 等于 1、10 和 20 时的加载试样经过分区域去噪后的 AIRT 曲线。如图 2-19 所示，当 v 为 1 时，分区域去噪模型退化为带参照试样的相减去噪，也即不经过分区去噪处理，岩样在双轴加载过程中的 AIRT 出现多次突降，而这些突降并非岩石破裂破坏引起的，如果将其作为分析岩石破裂的关键红外信号，则会带来误报。当 v 等于 10 和 20 时，分区域去噪后岩样加载破裂过程中的 AIRT 多次突降得以有效消除。

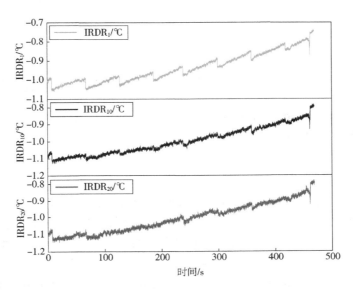

图 2-19　v 等于 1、10 和 20 时的平均红外辐射温度去噪结果

步骤 8，选取不同 v 值 $[v \leqslant h = \min(m, n)/4, v \in N^*]$，重复上述步骤，得到不同等分数下的 AIRT 去噪结果。

步骤 9，计算步骤 8 所述的平均红外辐射温度去噪结果的三次函数拟合相关系数，其中相关系数最大值所对应的平均红外辐射温度去噪结果即为最佳去噪结果，如下式所示：

$$\sigma_u = \max(\sigma_1, \sigma_2, K, \sigma_{[h]}) \tag{2-33}$$

$$\Delta AIRT = IRDR_u \tag{2-34}$$

式中，σ_u 为相关系数最大值，$[h]$ 为 h 的整数部分，$IRDR_u$ 为等实验试样的 AIRT 去噪结果，$\Delta AIRT$ 为最佳去噪结果。

图 2-20 为相关系数随 v 值的变化趋势。如图 2-20 所示，随着 v 值的不断增加，三次拟合函数相关系数呈先快速增加，之后缓慢增加，最后相关系数趋于平缓的变化趋势。当 v 等于 20 时，相关系数取得最大值 0.980。

图 2-21 为该岩样 AIRT 曲线的最佳分区域去噪效果，当 v 等于 20 时取得。如图 2-21 所示，岩样双轴加载过程中的 AIRT 曲线呈近直线的上升趋势，且较好地消除了因非均匀性矫正带来的多次突变。需要注意的是，不同岩样的最佳分区域去噪效果对应的 v 值可能不同，多数岩样最佳去噪效果时的 v 值通常为 12～20。当 v 值太大时可能会造成每个区域的温度点过少，进而出现相关系数下降的趋势，而当 v 值太小时，可能会出现加载岩样表面红外辐射温度矩阵分区域不充分，相关系数随 v 值的变化趋势仍处于上升阶段。

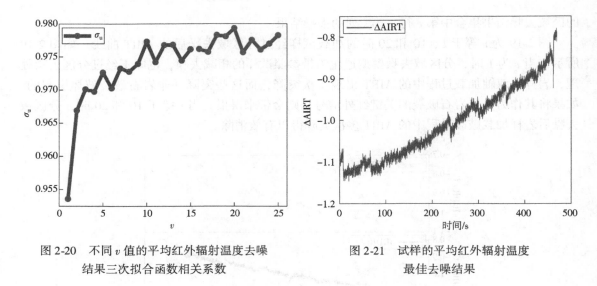

图 2-20　不同 v 值的平均红外辐射温度去噪　　　　图 2-21　试样的平均红外辐射温度
结果三次拟合函数相关系数　　　　　　　　　　　　　　最佳去噪结果

2.4.3　高斯去噪

图 2-22 为噪声平稳型、突变型、平稳突变型和上升型岩样的噪声温度、实验 AIRT 和分区域去噪后的 AIRT 曲线。如图 2-22 所示，相比未去噪的 AIRT 曲线，分区域去噪之后的 AIRT 曲线呈现明显的上升和下降趋势，并且消除了部分因实验环境和红外热像仪非均匀性矫正带来的红外辐射突变。但是分区域去噪后的 AIRT 曲线的波动较大，尤其是噪声上升型岩样。这是因为噪声本身的波动很大，由此导致噪声覆盖下的加载岩样 AIRT，进行分区域去噪时这些波动无法消除，也即真实的 AIRT 曲线附近有很多的散乱噪声存在。这些散乱噪声没有明显的几何分布特征与规律，均呈现散乱无序的状态，因此有必要针对加载砂岩表面分区域去噪后的 AIRT 曲线建立数据点之间的空间拓扑关系，进而实现对分区域去噪后 AIRT 曲线的优化。

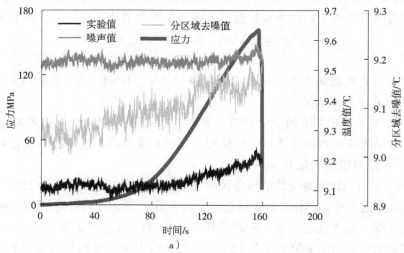

图 2-22　岩石的红外辐射噪声曲线、实验曲线和分区域去噪后的 AIRT 曲线
a）平稳型

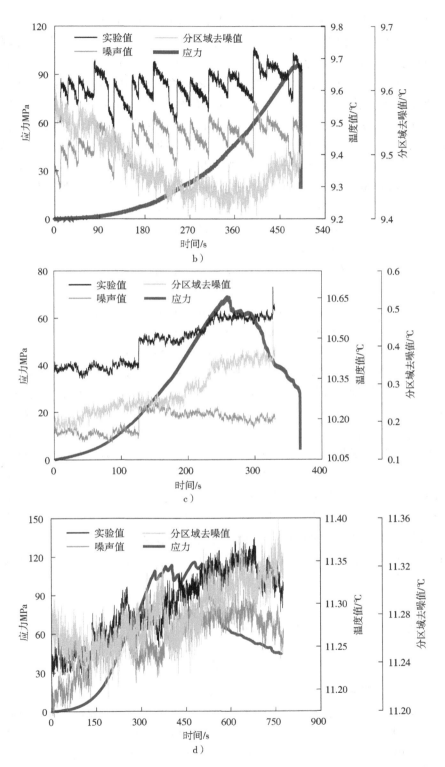

图 2-22　岩石的红外辐射噪声曲线、实验曲线和分区域去噪后的 AIRT 曲线（续）

b）突变型　c）平稳突变型　d）上升型

采用空间网格法[141]建立加载砂岩分区域去噪后 AIRT 曲线的空间拓扑关系。设 $P = \{p_1, p_2, p_3, \cdots, p_n\}$ 是红外辐射温度集合中待重建曲面 S 上的温度点，S 中与红外辐射温度测点 p_i 距离最近的 k 个温度点称为红外辐射温度点 p_i 的"K-近邻"，记作 $\mathrm{Nb}(p)$。首先将分区域去噪后的砂岩表面平均红外辐射温度点读入，之后将红外辐射温度点的三维坐标存入数组中，获得红外辐射温度点坐标在 X、Y、Z 方向上的极值。采用红外辐射温度点坐标极值与 X、Y、Z 坐标轴形成最小长方体盒，依据红外辐射温度点的数量和坐标信息将长方体盒分割为 $m \times n \times l$ 个子立方体，并判断每个红外辐射温度点所对应的子立方体[141]。若将 X、Y、Z 三个坐标轴方向上的最大坐标值分别定义为 sub_max_x，sub_max_y，sub_max_z，最小坐标值分别定义为 sub_min_x，sub_min_y，sub_min_z，子立方体的长度为 sub_size，AIRT 点的坐标值为 p_x，p_y，p_z，那么子立方体在三个坐标轴方向个数为：

$$\begin{cases} m = (\mathrm{int})(\mathrm{sub\_max\_x} - \mathrm{sub\_min\_x})/\mathrm{sub\_size} \\ n = (\mathrm{int})(\mathrm{sub\_max\_y} - \mathrm{sub\_min\_y})/\mathrm{sub\_size} \\ l = (\mathrm{int})(\mathrm{sub\_max\_z} - \mathrm{sub\_min\_z})/\mathrm{sub\_size} \end{cases} \tag{2-35}$$

红外辐射温度点的索引号为：

$$\begin{cases} \mathrm{Index\_x} = (\mathrm{int})(\mathrm{p\_x} - \mathrm{sub\_min\_x})/\mathrm{sub\_size} \\ \mathrm{Index\_y} = (\mathrm{int})(\mathrm{p\_y} - \mathrm{sub\_min\_y})/\mathrm{sub\_size} \\ \mathrm{Index\_z} = (\mathrm{int})(\mathrm{p\_z} - \mathrm{sub\_min\_z})/\mathrm{sub\_size} \end{cases} \tag{2-36}$$

在计算加载岩样某一红外辐射温度点 P_j 的"K-近邻"时，首先计算温度点的索引号，然后对其所在子立方体周围查找 k 个最邻近的点。为每个红外辐射温度点建立一个链表数据结构，某一温度点 P_j 与子立方体中红外辐射温度点的距离按升序排列于该数据结构中，取前 k 个节点即为所求。在"K-近邻"分析时选用数学函数量化红外辐射温度点对周围温度区域的影响力，则数学函数称为 AIRT 的影响函数。核密度函数为加载砂岩表面的某一温度点 P_i 对"K-近邻"内红外辐射温度区域的影响力之和。核密度函数的选择会影响到对加载砂岩表面 AIRT 信息漂移算法的收敛速度和计算性能，它定义了某一温度测点与其余红外辐射温度点的距离度量，反映了不同红外辐射温度点之间的影响力和关联程度。因此，核密度函数的选择至关重要。高斯核密度函数具有计算稳定和收敛速度快等优点，被广泛用于分析数据之间的相互关联，本书选择高斯核函数量化红外温度测点对周围红外辐射温度区域的影响力，其表达式为[142-144]：

$$f_{\mathrm{auss}}(x, y) = \mathrm{e}^{-\frac{d(x,y)^2}{2\sigma^2}} = \mathrm{e}^{-\frac{\|x-y\|^2}{2\sigma^2}} \tag{2-37}$$

其中，核密度函数 $D_P(p_i)$ 可以定义如下：

$$D_P(p_i) = \frac{1}{k} \sum_{j=1}^{k} \mathrm{e}^{-\frac{\|p_i - p_j\|^2}{2\sigma^2}} \tag{2-38}$$

式中，参数 σ 也被称为高斯核函数的窗宽尺寸。

接下来需要设定红外辐射温度点函数的阈值 ξ，温度点密度函数值小于 ξ 则说明该温度点是离群点，也即红外辐射温度噪声点。采用高斯核函数构建的加载砂岩表面红外辐射温度点之间的关联，可以寻找出温度点中的离群点，因而针对分区域去噪后的红外辐射温度点具有很好的聚类性质。在构建加载砂岩表面红外辐射温度点高斯核函数时需要对参数 σ 和阈值 ξ 进行分析。参数 σ 决定了每个红外辐射温度点对其"K-近邻"的影响范围，因而采用高斯核函数对分区域去噪后的 AIRT 曲线进行二次去噪的效果与密度参数 σ 密切相关。σ 值的取值范围将会影响到算法的稳定性，进而影响到去噪效果。为此，有学者引入信息熵度量算法的稳定性[145]，一个系统信息熵越高，则表明该系统越紊乱。采用密度熵函数来获取最优的 AIRT 高斯核函数，其表达式为：

$$\text{Entropy}(P) = - \sum_{i=1}^{n} \frac{D_{\text{P}}(p_i)}{\sum_i (p_i)} \ln \frac{D_{\text{P}}(p_i)}{\sum_i (p_i)} \tag{2-39}$$

当 $\sigma \rightarrow 0$ 时，每个红外辐射温度点的密度函数值都趋近于 $1/n$。依照信息熵的定义，$D_{\text{P}}(p_i) = \dfrac{1}{n}$ 是加载岩石表面红外辐射温度点系统最均匀的情况，即每个温度点出现的概率相同，需要更多的红外辐射信息来确定高斯核函数的最优参数。当 σ 在 $[0, +\infty]$ 区间内变化时，红外辐射温度的密度函数值 $D_{\text{P}}(p_i)$ 会下降至最小值，此时的 σ 即是最优温度点的核函数参数。张毅等提出了一种基于邻近点距离均值的倍数来寻找最优参数 σ 的方法[145]，则红外辐射温度点与邻近温度区域间的均值 D_{mean} 为：

$$D_{\text{mean}} = \frac{1}{n} \sum_{i=1}^{n} D_{\text{mid}}(p_i) = \frac{1}{n} \frac{1}{k} \sum_{i=1}^{n} \sum_{p_j \in \text{Nb}(p_i)} \| p_i - p_j \| \tag{2-40}$$

之后采用该均值构建一组红外辐射温度高斯核函数参数 σ 的取值范围，即：

$$\sigma_i^2 = k_i D_{\text{mean}}^2 \tag{2-41}$$

式中，k 值可以取不同的值。已有研究表明[146]，当 $k \in \left\{ \dfrac{1}{16}, \dfrac{1}{8}, \dfrac{1}{4}, \dfrac{1}{2}, 1, 2, 4, 8, 16 \right\}$ 时，密度熵取得极小值，并能获得很好的去噪效果，此外当 k 小于 0.125 时将会取得很好的去噪效果，并且模型的密度值越大对应的 k 值越小，为此本书确定 k 值为 1/16。在确定密度参数 σ 的值之后，即可求取分区域去噪后 AIRT 曲线每个温度点对应的密度函数值。接下来需要确定每个温度点对周围温度点的影响阈值 ξ，若红外辐射温度点对周围温度点的影响值超过阈值 ξ，则认为该温度点是砂岩双轴加载过程中 AIRT 曲线上的一个温度点。反之，则说明该温度点为 AIRT 曲线的离群点，予以剔除。本书依据所有温度点密度函数值的平均值来确定阈值 ξ，首先确定所有温度点密度函数值的平均值 $(D_{\text{p}})_{\text{mean}}$ 和最大值 $(D_{\text{p}})_{\text{max}}$，之后定义阈值 ξ 的表达式为：

$$\xi = (D_{\text{p}})_{\text{mean}} + a \left[(D_{\text{p}})_{\text{max}} - (D_{\text{p}})_{\text{mean}} \right] \tag{2-42}$$

式中，a 为阈值系数。

本书以岩样 A_3 为例分析不同阈值对高斯去噪的影响，不同阈值 ξ 通过调节阈值系数 a 实现，其中 a 的取值分别为 -0.3，-0.2，-0.1，0，0.1，0.2，0.3，0.4，0.5，0.6，图 2-23 为不同 a 值对应的高斯去噪后的 AIRT 曲线图。值得注意的是，AIRT 的信噪比是衡量去噪效果的重要指标。然而，本书的研究中采用分区域去噪获得最优 AIRT 值，由于每个分区所减去的区域噪声不固定，因此，无法计算分区域去噪后的信噪比。本书采用去噪后有效信号总能量值来评价去噪效果，其表达式为[4]：

$$E_{\text{s}} = \sum_{t=0}^{T} \left[f(t) \right]^2 \tag{2-43}$$

式中，E_{s} 为去噪后有效信号的总能量，$f(t)$ 为去噪后的 AIRT 值，其中 $f(0) = 0$。

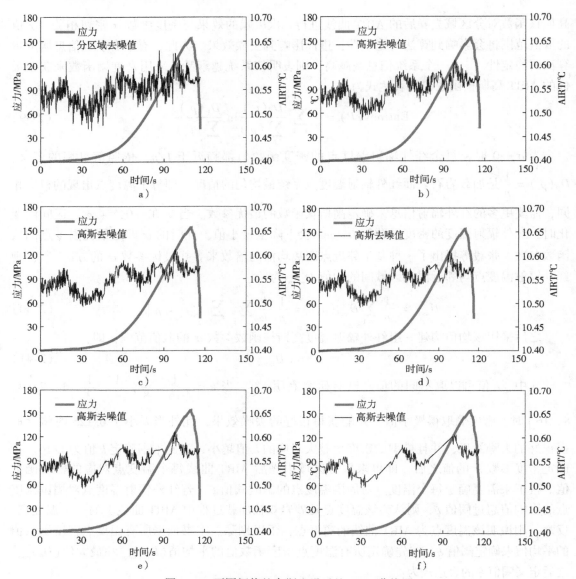

图 2-23　不同阈值的高斯去噪后的 AIRT 曲线图

a) 分区域去噪　b) 阈值 -0.3　c) 阈值 -0.1　d) 阈值 0.1　e) 阈值 0.3　f) 阈值 0.5

采用式（2-43）计算不同阈值高斯去噪后岩样 A_3 的有效信号总能量。图 2-24 为不同阈值高斯去噪后的有效信号总能量柱状图。如图 2-24 所示，分区域去噪后的 AIRT 曲线波动较大，对应的有效信号能量值为 0.574℃²，而经过阈值为 -0.3 的高斯去噪后，AIRT 曲线波动明显较小，其对应的有效信号能量值为 0.425℃²。如图 2-24 所示，随着阈值的增加，有效信号的总能量值呈先整体下降之后上升的变化趋势，当高斯去噪的阈值为 0.3 时，对应的有效信号能量值降到最低，其值为 0.396℃²。

确定合适阈值的原则为选取的阈值对应的总能量值较小，且高斯去噪后消除的离群点不能过多。阈值设定得越小，其消除的离群点则越少，离群点通常由大幅度波动的温度点组成，大幅度波动的温度点的剔除将会减少能量值。因此，当阈值较小时，有效信号的总能量值会随着阈值的增加而整体呈减小的趋势。当阈值大于 0.3 时，随着阈值的增加，有效信号的总能量值呈快速增加的趋势。这是因为，当阈值大于 0.3 时，高斯去噪后的 AIRT 曲线部分区间几乎变成了直线，小幅度波动的温度点被剔除，这些小幅度波动的温度点会降低能量值，因而有效信号的能量值随着阈值的增加而提高。本书确定 0.1 作为高斯去噪的阈值，阈值 0.1 和 0.2 对应的有效信号能量值均为 $0.409℃^2$，尽管阈值为 0.3 时有效信号的能量值最低，但是从图 2-23e 可以发现，AIRT 曲线部分区间几乎变成了直线，不仅噪声被

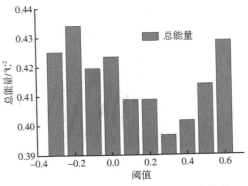

图 2-24　不同阈值高斯去噪后的有效信号
总能量柱状图

消除了，还有可能消除了部分真实的温度点。而阈值为 0.1 时不仅 AIRT 曲线较为光滑，并且能量值较低，阈值 0.2 和 0.1 具有相同的能量值，为了保留更多的温度点，以及较低的能量值，确定 0.1 作为高斯去噪的阈值。

　　图 2-25 为平稳型、突变型、平稳突变型和上升型四种类型的噪声对应的未去噪的 AIRT（原始实验数据）和高斯去噪后 AIRT 曲线。四种类型噪声对应的加载砂岩原始 AIRT 曲线（未去噪）的能量值分别为 $2.097℃^2$、$10.93℃^2$、$10.04℃^2$ 和 $2.454℃^2$，高斯去噪后有效信号的能量值 $5.418℃^2$、$36.93℃^2$、$23.34℃^2$ 和 $2.551℃^2$，分别提高了 2.58、3.38、2.28 和 1.04 倍。经过"分区域-高斯核函数"模型去噪后明显消去了原始 AIRT 曲线（未去噪）中因环境噪声和红外热像仪非均匀性矫正的突变，并且去噪后的 AIRT 曲线有明显的上升（下降）趋势，可以用来分析岩石破裂破坏过程。需要注意的是，在确定高斯去噪阈值时，需要将有效信号的能量值较低作为去噪优异的表现，而在对比去噪和未去噪效果时，则需要将有效信号的能量值高作为去噪优异的表现。这是因为确定高斯去噪阈值时，需要剔除 AIRT 曲线附件的离群点，这些离群点通常是分区域去噪之后突变幅度较大的温度点。而在对比去噪和未去噪的效果时，有效信息几乎被噪声覆盖，噪声的变化趋势几乎与原始 AIRT 曲线一致，需要采用有效信号能量值高作为去噪优异的评价指标。

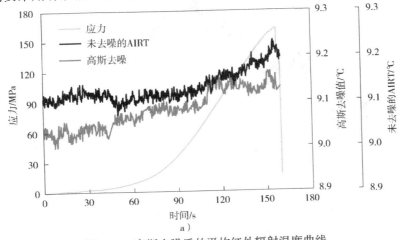

图 2-25　高斯去噪后的平均红外辐射温度曲线

a）平稳型

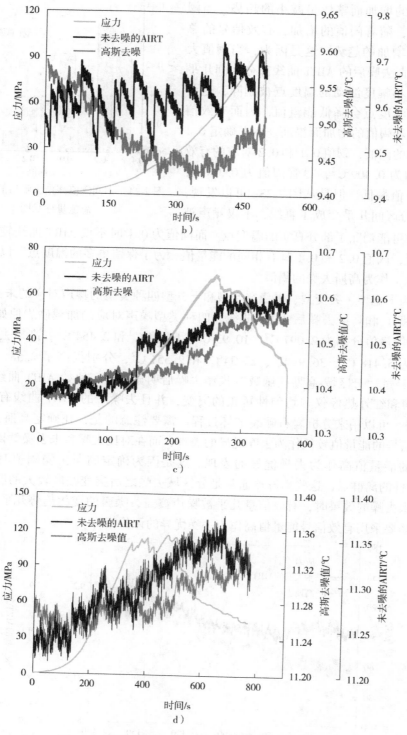

图 2-25　高斯去噪后的平均红外辐射温度曲线（续）

b）突变型　c）平稳突变型　d）上升型

与现有技术相比，本书提出的"分区域-高斯核函数"去噪模型具有以下优点：

对砂岩双轴加载过程中的实验试样和参照试样进行分割区域，有效消除了加载砂岩表面红外辐射温度矩阵非均匀性对去噪结果的影响。将实验试样每个分割区域的 AIRT 分别与参照试样所有分割区域 AIRT 做差运算，有效消除了实验环境对加载砂岩表面红外辐射曲线的影响。采用三次多项式对加载砂岩表面所有区域的 AIRT 差集合进行非线性拟合，选取相关系数最高的区域 AIRT 差作为加载砂岩该区域的最优去噪结果，有效消除了实验过程中高精度红外热像仪非均匀性矫正对加载砂岩表面红外辐射温度的影响。针对分区域去噪后的 AIRT 曲线进行高斯去噪，有效解决了 AIRT 曲线的波动漂移问题，使得去噪后的曲线更接近真实曲线。该去噪新模型提高了红外辐射观测技术在岩石工程领域应用的有效性和准确性，也为今后在煤矿采掘工作面现场应用红外辐射观测技术奠定了理论和实验基础。

2.5　本章小结

1）基于红外热像图，采用百分位法确定了红外辐射温度矩阵中的高温点阈值，并提出了高温点比例因子的红外辐射新指标，即高温点的数量占温度点总数的比例，该指标的物理意义为岩石双轴加载过程中因微破裂而产生的高温点比值。

2）将砂岩双轴加载过程中的红外辐射噪声曲线分成平稳型、上升型、突变型和平稳突变型四类，平稳型噪声对应的不同参照试样的噪声曲线线性相关性较弱，其相关系数为0.579；上升型噪声对应的不同参照试样的噪声曲线几乎无线性相关性；而突变型和平稳突变型噪声对应的不同参照试样的噪声曲线线性相关性强，相关系数分别为0.961和0.931。

3）提出了红外辐射温度曲线的分区域去噪方法，即将实验试样和参照试样等分为多个区域，将每一个实验试样的分区域平均红外辐射温度与参照试样的所有分区域平均红外辐射温度相减，并采用多项式拟合函数的相关系数作为分区域去噪的评价指标，以此实现分区域去噪，该去噪方法有效解决了高精度红外热像仪的非均匀性矫正的难题。

4）在分区域去噪的基础上，提出了红外辐射温度曲线的高斯核函数去噪新方法，即分析散乱温度点的空间拓扑关系，采用高斯核函数作为影响函数评估红外温度点对周围温度区域的影响力，并引入红外辐射能量确定高斯核函数阈值，从而判别当前温度点是否为噪声温度点，该方法可以快速检测出红外辐射离群点，有效解决了红外辐射温度曲线的波动漂移难题。

5）结合红外辐射温度曲线的分区域去噪方法和高斯核函数去噪方法，建立了"分区域-高斯核函数"的平均红外辐射温度去噪新模型，既创新了红外辐射去噪方法，也解决了砂岩加载破裂过程中的红外辐射温度失真难题。

第3章 砂岩加载破裂过程中的红外辐射特征

为了探寻砂岩加载破裂过程中的红外辐射特征，本章首先分析了加载砂岩的红外热像图、红外辐射温度和高温点比例因子等红外辐射（热）指标的演化特征，并提出了累计高温点比例因子的红外新指标。其次，结合声发射累计振铃计数（声），基于主成分分析法建立了砂岩加载破裂过程中的声热综合评价模型。最后，提出了一种基于综合评价模型导数确定岩石破坏前兆的新方法，该方法考虑了砂岩加载破裂过程中红外辐射和声发射实验数据的离散性，或具普遍适用性。

3.1 红外辐射特征

3.1.1 红外热像图

图 3-1 所示为干燥和饱和岩样双轴加载过程中的红外热像图，每个岩样的第一帧代表开始加载时的红外热像图，σ_{max} 则代表峰值应力时的红外热像图，σ_{max} 之后的红外热像图则代表峰后阶段。由于岩样开始加载时红外热像图上不同区域的温度分布有差异，为了消除噪声的影响，本书将砂岩双轴加载过程中的红外热像图均与开始加载时的红外热像图相减。

如图 3-1 所示，岩样 A_1 在 $0\sigma_{max} - 0.80\sigma_{max}$ 的加载过程中，中部区域温度无明显变化，而上、下端的温度明显降低，且下端温度要低于上端，$0.80\sigma_{max} - \sigma_{max}$ 和峰后阶段 $\sigma_{max} - 0.77\sigma_{max}$ 的加载过程中红外热像图无明显变化，峰后 $0.50\sigma_{max}$ 时岩样中部的左侧区域出现了高温区域，$0.25\sigma_{max}$ 时高温区域更加明显，对应图 3-2 中岩样的破坏形式图，高温区域处岩样发生了断裂，表面脱落。岩样 B_1 在 $0\sigma_{max} - \sigma_{max}$ 的加载过程中，红外热像图整体变暗，这表明红外辐射温度在下降。$0.83\sigma_{max}$ 时岩样的上、下区域出现了异常高温区域，在峰后阶段 $0.83\sigma_{max} - 0.46\sigma_{max}$ 的加载过程中，岩样上、下端的高温区域范围逐渐减小，对应图 3-2 中岩样的破坏形式图，上端面的异常高温区域与其表面脱落对应，而下端面的异常高温区域未对应表面的脱落和裂纹扩展。岩样 C_1 在 $0\sigma_{max} - 0.40\sigma_{max}$ 的加载过程中，岩样中部的区域逐渐由亮变暗，$0.40\sigma_{max} - \sigma_{max}$ 的加载过程中，岩样四周的黄色区域面积逐渐变小甚至消失，中部的蓝色区域面积逐渐扩大。峰后阶段 $\sigma_{max} - 0.52\sigma_{max}$，岩样中部的蓝色区域面积继续扩大，且颜色变成深蓝，这表明岩样中部区域的温度在逐渐下降，岩样下端的黄色区域面积在峰后阶段有所增大，这表明岩样下端的温度在上升。岩样 D_1 在 $0\sigma_{max} - \sigma_{max}$ 的加载过程中，红外热像图整体由黄变蓝，中部区域的颜色相比四周区域要深，这表明中部区域温度下降幅度高于四周。峰后阶段 $\sigma_{max} - 0.30\sigma_{max}$ 的加载过程中，岩样下部区域的黄色区域面积有所增大，右侧部位出现了黄色的高温区域，对应图 3-2 中岩样的破坏形式图，高温区域附近出现了破坏裂纹。

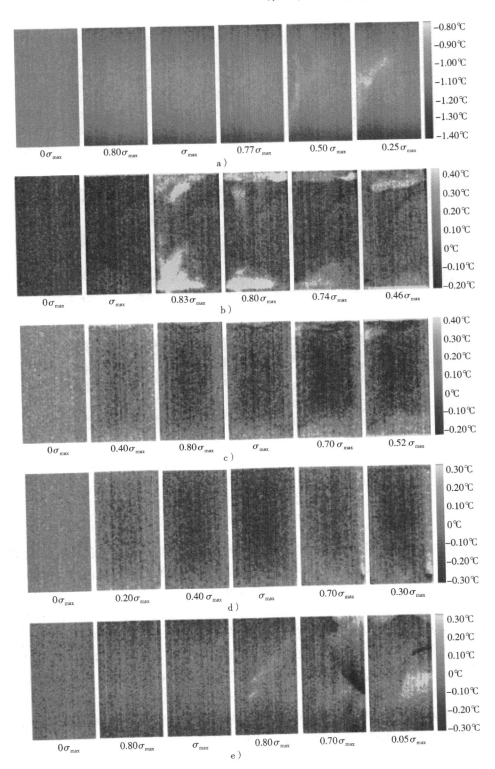

图 3-1　干燥和饱和岩样双轴加载过程中的红外热像图
a) 岩样 A_1　b) 岩样 B_1　c) 岩样 C_1　d) 岩样 D_1　e) 岩样 E_1

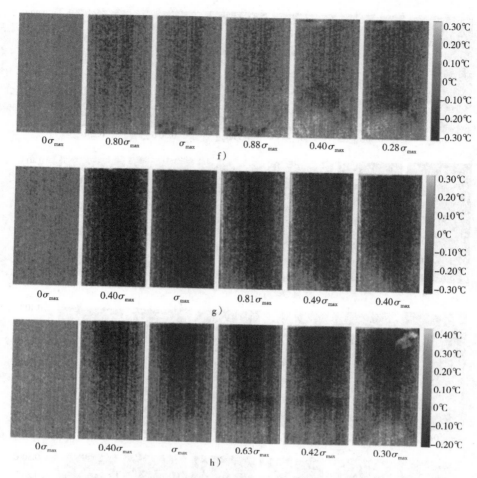

图 3-1　干燥和饱和岩样双轴加载过程中的红外热像图（续）

f）岩样 F_1　g）岩样 G_1　h）岩样 H_1

　　岩样 E_1 在 $0\sigma_{max} - \sigma_{max}$ 的加载过程中，上、下区域颜色逐渐变蓝，这表明该区域的红外辐射温度略有下降。峰后阶段 $0.80\sigma_{max}$ 时岩样中部出现了点状的异常高温区域。$0.80\sigma_{max}$ 时岩样右侧出现异常低温区域。与此同时，右上部位出现异常高温区域，岩样最终发生破坏时（$0.05\sigma_{max}$）异常低温区域转变为异常高温区域，且面积有所扩大，对应图 3-2 中岩样的破坏形式图，异常高温区域对应岩样右侧出现剪切破坏裂纹。岩样 F_1 在 $0\sigma_{max} - 0.80\sigma_{max}$ 的加载过程中，中、上部区域逐渐变蓝，这表明在该区域温度降低。峰值应力时岩样的下端出现低温区域，在峰后阶段 $0.88\sigma_{max}$ 时低温区域更加明显。峰后 $0.88\sigma_{max} - 0.40\sigma_{max}$ 的加载过程中，岩样下部的低温区域逐渐转变成高温区域，且面积有所增大。与此同时，岩样的中下部出现低温区域，且低温区域在岩样最终破坏时更加显著，对比图 3-2 中的破坏形态图分析，岩样峰后阶段的下端的高温区域出现可能与剪切破坏裂纹有关。岩样 G_1 在 $0\sigma_{max} - \sigma_{max}$ 的加载过程中，整体逐渐由亮变暗，也即温度在不断下降。峰后阶段 $0.81\sigma_{max}$ 左侧出现亮条纹，$0.81\sigma_{max} - 0.40\sigma_{max}$ 的加载过程中左下部位出现高温区域并且不断扩大。岩样 H_1 从开始加载至峰后阶段 $0.42\sigma_{max}$ 的加载过程中，中、上部区域逐渐变暗，这表明该区域温度不断下降，

$0.42\sigma_{\max} - 0.30\sigma_{\max}$ 的加载过程中，岩样下部的高温区域愈加明显。

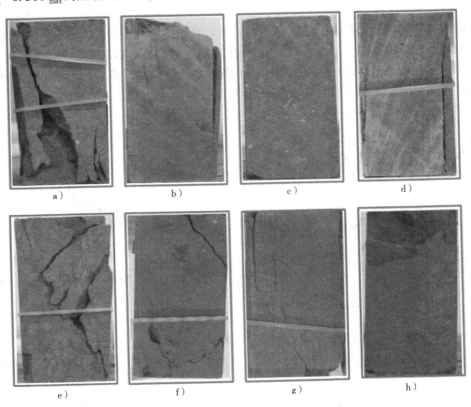

图 3-2　干燥和饱和岩样的最终破坏形态

a) 岩样 A_1　b) 岩样 B_1　c) 岩样 C_1　d) 岩样 D_1　e) 岩样 E_1　f) 岩样 F_1　g) 岩样 G_1　h) 岩样 H_1

岩石加载破裂过程中表面的张拉微破裂对应红外辐射温度下降，而剪切微破裂对应红外辐射温度上升[147]。需要注意的是，作者们在分析破坏形态图和砂岩破坏时的红外热像图时发现并非所有的剪切（张拉）裂纹都对应温度升高（降低）异常区域，例如岩样 A_1 左上部位的剪切裂纹未对应明显的高温异常，左下部位的张拉微裂纹也未对应低温异常。作者们认为有两种原因，一是岩样破坏时的剪切（张拉）裂纹的区域内部存在着张拉和剪切微裂纹，张拉微破裂吸收的热量和剪切微破裂释放的热量抵消，从而导致岩石表面的剪切（张拉）裂纹没有对应温度增加（降低）。二是岩石表面异常高温（低温）区域的出现与其内部微破裂的发生区域是否集中有关，若微破裂产生的区域集中，则会造成岩样表面和微破裂的集中发生热传递，从而导致岩石表面出现异常的高温（低温）区域；反之，岩样表面和微破裂热传递区域较为分散，则红外热像图不出现异常的高温（低温）区域。然而，岩石内部结构可能具有不同的特征，例如颗粒尺寸、颗粒分布和原始缺陷。因此，并非岩样表面所有的剪切（张拉）裂纹都对应红外热像图上的温度升高（降低）异常区域。

3.1.2　红外辐射温度

对红外热像仪采集到的砂岩表面红外辐射温度矩阵进行"分区域-高斯核函数"去噪，获得有效去噪后的加载砂岩表面的 AIRT 曲线。图 3-3 所示为砂岩双轴加载过程中的应力和

AIRT 随时间的演化曲线，由于不同侧压下干燥和饱和砂岩 AIRT 曲线的变化趋势几乎没有差异，因此，本节仅以不同侧压下干燥状态岩样的 AIRT 为例进行分析。如图 3-3 所示，岩样 A_1 加载过程中 AIRT 呈近线性的下降趋势，当岩样最终破坏时，对应 AIRT 发生突增；岩样 B_1 加载过程中 AIRT 呈"缓慢下降-快速上升"的趋势，最终破坏时对应 AIRT 发生突降；岩样 C_1 加载过程中 AIRT 呈下降的趋势，且下降速率逐渐变慢，峰后阶段呈近水平的波动趋势；岩样 D_1 的 AIRT 曲线呈"缓慢下降-上升"的趋势。

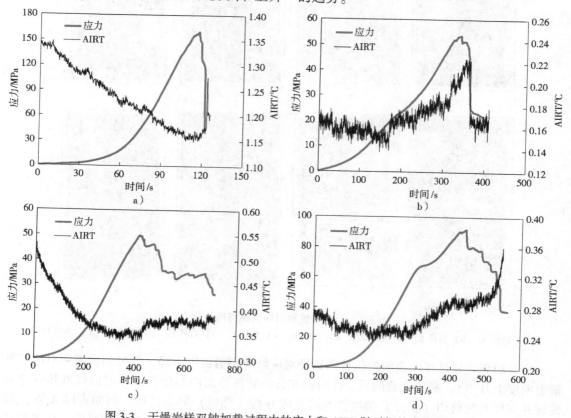

图 3-3　干燥岩样双轴加载过程中的应力和 AIRT 随时间的演化曲线
a）岩样 A_1　b）岩样 B_1　c）岩样 C_1　d）岩样 D_1

不同侧压下岩样的 AIRT 曲线的变化趋势有上升型和下降型两种，已有研究对此现象进行了解释[147]，岩石加载过程中的微破裂以张拉破裂为主时，则产生吸热效应，岩石表面的 AIRT 呈下降的趋势；反之，则岩石表面的 AIRT 呈上升的趋势。实际上，部分岩样在加载破裂过程中 AIRT 并未呈一直单调上升或下降的趋势。例如，图 3-3 中岩样 B_1 在 0～171s 的双轴加载过程中 AIRT 呈下降的趋势，而在 171～363s 则呈上升的趋势；岩样 D_1 在 0～258s 整体呈下降的趋势，而在 258s 后的加载过程中呈上升的趋势。作者认为可以从两方面解释该现象，一方面与张拉或剪切微破裂所占的比例有关，若是砂岩双轴加载过程中以张拉微破裂为主，则表现为 AIRT 曲线下降的趋势；反之，则表现为 AIRT 曲线上升的趋势；若是二者的比例相当，则可能会出现 AIRT 曲线平稳的趋势，并且该比例会随着砂岩的不同加载阶段而变化，这一点也可以从 AIRT 的变化趋势得以验证。因此，砂岩在不同加载阶段的 AIRT 变化趋势可能不同。另一方面也与岩样内部的孔隙、微裂隙的数量、大小和位置等空间分布特征有关，原生的孔隙、微裂隙对微破裂和裂纹的扩展发育具有引导作用，而不同岩样原生孔隙、微裂隙的数量、大小和位置等空间分布特征都有一定的差异，由此也造成了不同岩样表面 AIRT 曲线变化趋势的差异。即使是同一组岩样，其变化趋势也不完全相同。

需要注意的是，双轴加载条件下部分岩样在破坏时出现了 AIRT 曲线的突增或突降，这与岩样发生破坏时是否出现明显的应力降有关，低侧压下（岩样 A_1、B_1）岩样呈脆性破坏，应力曲线呈近直线的垂直下降趋势，对应 AIRT 曲线发生突变。而高侧压下（岩样 C_1、D_1）呈延性破坏，AIRT 曲线并未发生突变。从应变能的角度解释，耗散应变能是岩石发生破坏的内在原因，岩石破坏发生明显的应力降时，会对应出现耗散应变能的突增，而红外辐射能量是耗散应变能的一部分，当耗散应变能突增时将会伴随着红外辐射能量状态的突然变化，进而导致 AIRT 曲线发生突增或突降。

AIRT 变化幅度指的是岩样加载至峰值应力时 AIRT 的变化量，即峰值应力时的 AIRT 值与开始加载时 AIRT 差值的绝对值，反映的是砂岩双轴加载过程中因应力状态改变而产生的整体红外辐射强度，是表征加载砂岩表面红外特征的一个重要参数。如图 3-3 所示，岩样 A_1 开始加载时的 AIRT 值为 1.345℃，峰值应力时的 AIRT 值为 1.161℃，AIRT 变化幅度为 0.184℃；岩样 B_1 开始加载时为 0.167℃，峰值应力时为 0.208℃，AIRT 变化幅度为 0.041℃；岩样 C_1 开始加载时为 0.519℃，峰值应力为 0.351℃，AIRT 变化幅度为 0.168℃；岩样 D_1 开始加载时为 0.230℃，峰值应力时为 0.341℃，AIRT 变化幅度为 0.111℃。为了直观地反映侧压和饱水对砂岩双轴加载过程中 AIRT 变化幅度的影响，计算每组岩样 AIRT 变化幅度的平均值，并绘制 AIRT 变化幅度直方图如图 3-4 所示，干燥组岩样 A、B、C 和 D 组的 AIRT 变化幅度分别为 0.137℃、0.117℃、0.122℃ 和 0.109℃，饱和状态岩样 E、F、G 和 H 组的 AIRT 变化幅度分别为 0.336℃、0.137℃、0.170℃ 和 0.585℃。由此可得，干燥状态砂岩的侧向应力对 AIRT 变化幅度的影响较小，而饱水状态砂岩随着侧压的增加，AIRT 变化幅度呈先下降后上升的变化趋势。此外，饱水对砂岩双轴加载过程中的 AIRT 变化幅度有促进作用，侧向应力为 0、10MPa、20MPa 和 30MPa 时，饱水砂岩 AIRT 变化幅度分别是干燥岩样的 2.45、1.17、1.40 和 5.37 倍。

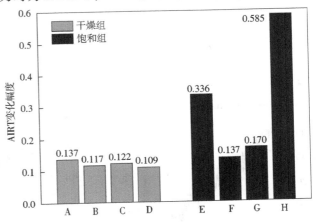

图 3-4　干燥和饱水砂岩的 AIRT 变化幅度直方图

3.1.3　高温点比例因子

绘制砂岩双轴加载过程中的"高温点比例因子-时间"和"应力-时间"变化曲线，由于不同侧压下干燥和饱水砂岩高温点比例因子曲线的变化趋势并没有大的差异，而加载过程中的变化趋势表现出一定的离散性，因此，本节仅选择不同侧压干燥岩样为例，分析砂岩加载破裂过程中的高温点比例因子变化趋势。图 3-5 所示为干燥岩样双轴加载过程中应力和高温点比例因子随时间的演化曲线。如图 3-5 所示，岩样 A_1 双轴加载过程中高温点比例因子曲线在压密阶段整体呈下降的趋势，之后呈上升的趋势，在临近峰值应力时（114s）发生了突降，峰值应力后的第一次应力降（118s）时高温点比例因子发生了突降，而在岩样发生第二次应力降（最终破坏时），高温点比例因子发生了突增。岩样 B_1 双轴加载过程中高温点比例因子曲线整体呈下降的趋势，临近峰值应力时（324s）应力曲线出现了应力降，对应高温点比例因子出现了突增。峰值应力后 341s、361s 和岩样最终破坏时，应力曲线出现了应力降，对应高温点比例因子均发生了突增。岩样 C_1 峰值应力前高温点比例因子曲线呈近线性的下降趋势，峰值应力后应力由下降转为水平时（430s），高温点比例因子由下降转为水平。559s 时出现了应力降，对应高温点比例因子发生突增。671s 时应力由缓慢上升转为下降，对应高温点比例因子由下降转为上升。岩样 D_1 的高温点比例因子曲线呈先下降后波动的发展趋势，295s 时变形状态由弹性转为塑性，对应高温点比例因子曲线由下降转为上升，421s 和 439s 时出现了应力降，对应高温点比例因子发生突增。

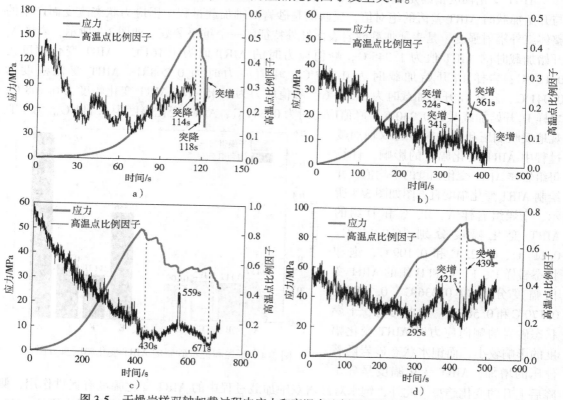

图 3-5　干燥岩样双轴加载过程中应力和高温点比例因子随时间的演化曲线

a）岩样 A_1　b）岩样 B_1　c）岩样 C_1　d）岩样 D_1

高温点比例因子曲线反映的是岩样双轴加载过程中，高温点所占总温度点比例的变化趋势，而相邻两时刻的高温点比例差值则反映了该时刻因应力的变化而导致的高温点比例的变化。基于此，本章提出了高温点比例因子振幅的定量指标，其表达式为：

$$HTPSA_p = HTPS_{p+1} - HTPS_p \tag{3-1}$$

式中，$HTPSA_p$ 为加载岩石表面第 p 帧的高温点比例因子振幅，$HTPS_p$ 和 $HTPS_{p+1}$ 为加载岩石表面第 p 帧和第 $p+1$ 帧的高温点比例因子。

高温点比例振幅反映的是高温点比例随时间变化的快慢程度，可以更直观地反映出砂岩的高温点比例调整状况，且消除了岩石双轴加载过程中的累积高温点比例效应，更易反映出砂岩双轴加载过程中应力与红外辐射之间的内在联系。图 3-6 为干燥岩样双轴加载过程中应力和高温点比例因子振幅随时间的演化曲线。如图 3-6 所示，高温点比例因子振幅整体呈水平状，在岩样双轴加载过程中会出现多次突变，这些突变与加载岩石的热弹效应和摩擦热效应密切相关。为了研究加载砂岩表面的红外突变特征，Ma 等[148] 基于正态分布的 "3σ 准则"，提出采用正态分布的三倍标准偏差作为红外辐射实验曲线的突变临界线，超过此突变临界线则视为红外辐射突变。但是作者发现将三倍标准偏差作为砂岩双轴加载过程中高温点比例振幅的突变临界线，将会在临近岩石破坏前统计到少数的突变信息，而在砂岩应力应变曲线的压密阶段和弹性阶段却难以统计到高温点比例振幅突变信息。也即采 3σ 准则确定红外辐射的突变信息，将不适宜砂岩双轴加载过程中突变信息的收集和量化分析。

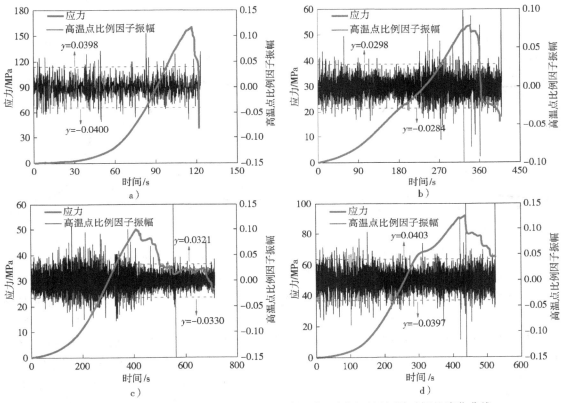

图 3-6 　 干燥岩样双轴加载过程中应力和高温点比例因子振幅随时间的演化曲线
a) 岩样 A_1 　 b) 岩样 B_1 　 c) 岩样 C_1 　 d) 岩样 D_1

　　为了分析砂岩双轴加载损伤破裂过程中的红外辐射突变信息，本书尝试采用二倍标准偏差作为高温点比例振幅突变的临界线。首先绘制砂岩双轴加载过程中高温点比例因子振幅的频率分布直方图，如图 3-7 所示。砂岩双轴加载过程中高温点比例因子振幅的正态分布函数表达式为：

$$y = y_0 + A\exp\left[-\frac{1}{2}\left(\frac{x - x_c}{w}\right)^2\right] \tag{3-2}$$

式中，y_0 和 A 为正态分布的参数，x_c 和 w 为正态分布的平均值和标准偏差。

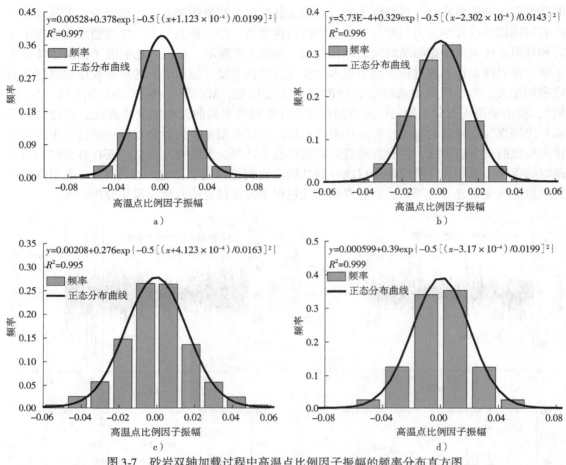

图 3-7　砂岩双轴加载过程中高温点比例因子振幅的频率分布直方图
a) 岩样 A_1　b) 岩样 B_1　c) 岩样 C_1　d) 岩样 D_1

　　如图 3-7 所示，岩样 A_1、B_1、C_1 和 D_1 双轴加载过程中的高温点比例因子振幅与正态分布函数拟合度较高，相关系数分别为 0.997、0.996、0.995 和 0.999，对其余岩样进行类似的分析处理，发现相关系数均不低于 0.980。岩样 A_1、B_1、C_1 和 D_1 的 x_c 值分别为 -1.123×10^{-4}、2.302×10^{-4}、-4.123×10^{-4} 和 3.172×10^{-4}，w 值分别为 0.0199、0.0143、0.0163 和 0.0199。基于正态分布的小概率准则，以高温点比例因子振幅的二倍标准偏差作为控制线对数据进行筛选，高于控制线的高温点比例因子振幅为突变值，突变值的控制线表达式为：

$$|\mathrm{HTPSA} - x_c| \geqslant 2w \qquad (3\text{-}3)$$

　　依据上式计算可以获得岩样双轴加载过程中高温点比例因子振幅的突变值控制线。如图 3-6 所示，岩样 A_1 的突变值控制线为 0.0398 和 -0.0400；岩样 B_1 的突变值控制线为 0.0298 和 -0.0284；岩样 C_1 的突变值控制线为 0.0321 和 -0.0330；岩样 D_1 的突变值控制线为 0.0403 和 -0.0397，其余岩样的突变值控制线也采用该方法计算。对岩样双轴加载过程中超过突变值控制线的高温点比例因子振幅的绝对值进行累加，获得累计高温点比例因子振幅的新指标，其定义为：

$$\mathrm{CHTPS} = \sum |\mathrm{HTPSA}| \qquad (3\text{-}4)$$

式中，CHTPS 为累计高温点比例因子振幅。

　　图 3-8 为岩样双轴加载过程中的应力和累计高温点比例因子振幅随时间的变化曲线。如图 3-8 所示，岩样 A_1 双轴加载过程中累计高温点比例因子振幅呈近直线的增加趋势，峰值应力和最终破坏时的累计高温点比例因子振幅分别为 2.64 和 2.76；岩样 B_1 双轴加载过程中累计高温点比例因子振幅呈"直线上升-缓慢上升-快速上升"的变化趋势，峰值应力和最终破坏时的累计高温点比例因子振幅分别为 3.89 和 4.84；岩样 C_1 在峰值应力前的加载过程中累计高温点比例因子振幅呈近直线的增加，峰值应力后呈缓慢上升的趋势，峰值应力和最终破坏时的累计高温点比例因子振幅分别为 16.6 和 18.3；岩样 D_1 的累计高温点比例因子振幅在峰值应力前呈增长速率不断降低的趋势，峰值应力后呈近直线上升的趋势，峰值应力和最终破坏时的累计高温点比例因子振幅分别为 7.42 和 9.84。以上分析可知，不同岩样累计高温点比例因子振幅的变化趋势略有差异，峰值应力和最终破坏时的累计高温点比例因子振幅值差别较大，这是由于岩石力学实验的离散性所致。AIRT 和高温点比例因子这两个红外辐射指标的整体变化趋势有上升型和下降型等，而累积高温点比例因子振幅在岩样双轴加载过程中均为上升的趋势。作者提出该指标一是为了通过红外辐射的突变信息研究岩石双轴加载破裂过程，二是希望提出一个不同岩样变化趋势均一致的红外辐射指标，以便于在下文中尝试对该指标的变化趋势进行数学分析，进而研究岩石双轴加载破坏的前兆特征。此外，在第 5 章通过红外辐射构建砂岩双轴加载过程中的本构模型时，也需要有一个不同岩样变化趋势均一致的红外辐射指标，通过该指标实现对岩石的损伤变量定量表征。

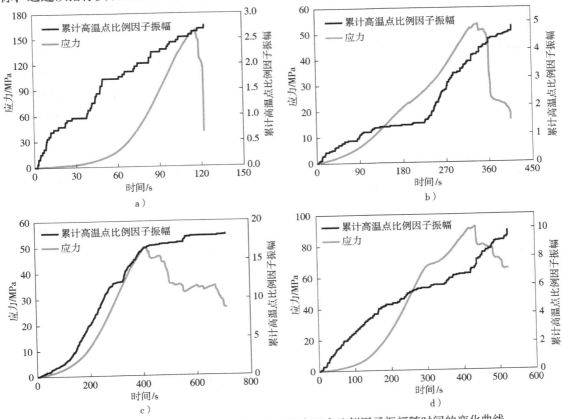

图 3-8　岩样双轴加载过程中的应力和累计高温点比例因子振幅随时间的变化曲线
a）岩样 A_1　b）岩样 B_1　c）岩样 C_1　d）岩样 D_1

3.2 声发射特征

采用声发射可以反映岩石内部微破裂的产生以及损伤的演化特征，利用声发射系统分析软件，选取累计振铃计数指标分析干燥与饱水状态砂岩双轴加载破裂过程中的声发射特征。振铃计数反映了砂岩双轴加载过程中发生的微破裂数量，在一定程度上能反映砂岩内部破裂规模和损伤演化的等级。累计振铃计数可以表征砂岩双轴加载破裂过程中的损伤演化特征，累计振铃计数越高，表明其内部损伤越严重。图 3-9 所示为干燥岩样双轴加载过程中的应力和累计振铃计数曲线，由于干燥组和饱水组岩样的累计振铃计数曲线变化趋势大体相同，因此本节仅以干燥组岩样为例分析其变化趋势。如图 3-9 所示，岩样 A_1 双轴加载过程中累计振铃计数曲线整体呈加速上升的趋势，峰值应力时的累计振铃计数值为 605243，岩样最终破坏时的累计振铃计数值为 717269。岩样 B_1 在开始加载阶段累计振铃计数值较小，150s 时开始增长，呈近指数的上升趋势，峰值应力时的累计振铃计数值为 1.05×10^6，最终破坏时的累计振铃计数值为 3.04×10^6。岩样 C_1 的累计振铃计数曲线自 258s 时开始增长，在 258 ~ 417s 的双轴加载过程中呈加速上升趋势，之后呈近直线的快速上升趋势，峰值应力时的累计振铃计数值为 500543，最终破坏时的累计振铃计数值为 3.56×10^6。岩样 D_1 的累计振铃计数曲线在 81 ~ 318s 的双轴加载过程中呈缓慢上升趋势，之后呈近直线的快速上升趋势，峰值应力时的累计振铃计数值为 1.22×10^6，最终破坏时的累计振铃计数值为 1.68×10^6。

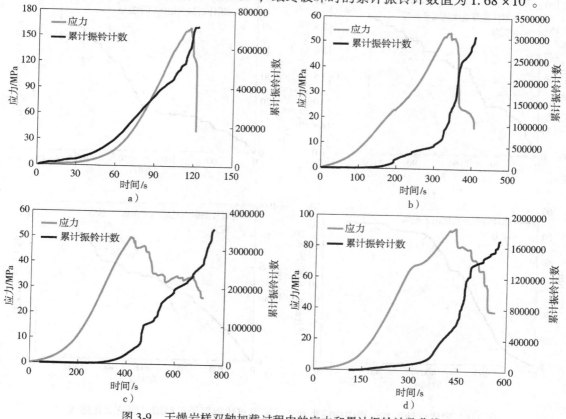

图 3-9 干燥岩样双轴加载过程中的应力和累计振铃计数曲线

a) 岩样 A_1 b) 岩样 B_1 c) 岩样 C_1 d) 岩样 D_1

表 3-1 统计了所有岩样峰值应力时和最终破坏时的累计振铃计数，图 3-10 所示为 A ~ H 组岩样峰值应力时和最终破坏时的累计振铃计数柱状图。如图 3-10 所示，干燥状态岩样峰值应力时和最终破坏时的累计振铃计数随着侧压的增加呈不断增大的趋势，而饱水状态岩样峰值应力时和最终破坏时的累计振铃计数随着侧压的增加呈先降低后缓慢增加的趋势。这是因为，干燥岩样随着侧向压力的增

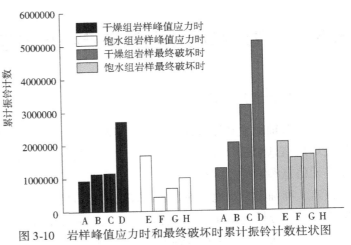

图 3-10　岩样峰值应力时和最终破坏时累计振铃计数柱状图

加，其轴向变形不断增加，侧向压力限制了砂岩的侧向膨胀，而增加了内部的破裂破坏。饱水岩样随着侧向压力的增加，其轴向变形也在不断增加，饱水对砂岩颗粒的润滑作用，增大了单轴加载状态时破裂破坏。如图 3-10 所示，干燥状态岩样单轴加载峰值应力和最终破坏时的累计振铃计数分别为 929521 和 1679486.6，而饱水状态岩样分别为 1281521 和 2059122。然而，饱水会降低双轴加载岩样峰值应力和最终破坏时的累计振铃计数，这里涉及了水和侧压的双重影响因素，破坏机制相较于饱水和侧压等单个影响因素要复杂，目前还不能解释该实验现象，今后将结合 PFC 和 CT 扫描等从细观角度分析饱水砂岩双轴加载岩样的破裂破坏机制。

表 3-1　岩样峰值应力时和最终破坏时的累计振铃计数

干燥岩样编号	峰值点累计计数	破坏时的累计计数	岩样编号	峰值点累计计数	破坏时的累计计数
A_1	605243	717269	E_1	2.70×10^6	3.32×10^6
A_2	1.29×10^6	1.69×10^6	E_2	2.92×10^6	3.16×10^6
A_3	661008	1.15×10^6	E_3	726100	1.10×10^6
A_4	1.68×10^6	2.16×10^6	E_4	1.26×10^6	1.74×10^6
A_5	411354	690336	E_5	791333	975611
B_1	1.05×10^6	3.04×10^6	F_1	170905	1.62×10^6
B_2	1.38×10^6	1.72×10^6	F_2	1.09×10^6	296748
B_3	911344	1.33×10^6	F_3	379115	2.89×10^6
B_4	1.71×10^6	3.47×10^6	F_4	271788	1.20×10^6
B_5	622109	710133	F_5	177982	1.83×10^6
C_1	500543	3.56×10^6	G_1	275272	1.63×10^6
C_2	1.64×10^6	3.40×10^6	G_2	431442	1.57×10^6
C_3	1.15×10^6	1.34×10^6	G_3	833677	1.88×10^6
C_4	1.94×10^6	4.08×10^6	G_4	700417	1.27×10^6
C_5	541591	3.56×10^6	G_5	1.17×10^6	1.97×10^6
D_1	1.22×10^6	1.68×10^6	H_1	986262	1.98×10^6
D_2	376783	760079	H_2	1.31×10^6	1.42×10^6
D_3	1.09×10^7	1.87×10^7	H_3	835697	1.28×10^6
D_4	498410	2.83×10^6	H_4	948009	3.14×10^6
D_5	528563	1.62×10^6	H_5	887069	1.07×10^6

3.3 声发射和红外辐射多元函数表征

3.3.1 多参量归一化

砂岩双轴加载破坏过程中，将会引起声发射（声）和红外辐射（热）等物理场的响应，通过声热信息的融合分析可以研究砂岩的破裂失稳状态，进而实现对破坏进行监测预警。由于多元信息参量的量纲和值域不统一，多个实验参量数值分布于不同的图层坐标系中，不利于快速、准确和直观地判断各个物理场对岩石破裂状态的响应特征，也会影响到各参量之间的相互关联分析。多元信息数据归一化处理的数学方法主要有线性函数归一化、对数函数和标准转换算法。本书采用线性函数归一化的方法对砂岩双轴加载过程中的声热多元数据进行处理，处理后的声热数据实现了无量纲化，不同物理量的数值值域范围均为 0 ~ 1，并且砂岩双轴加载过程中声发射和红外辐射参量可以在同一坐标系中呈现。

设砂岩声热数据的值域为 [Min, Max]，则线性函数归一化的表达式为[149]：

$$y(x) = \frac{x - \text{Min}}{\text{Max} - \text{Min}} \tag{3-5}$$

式中，x，y 为线性函数归一化前、后的声发射和红外辐射多元实验数据，Max 和 Min 为声发射和红外辐射多元数据中的最大值和最小值。

在进行声发射和红外辐射指标选取时，作者认为选用的指标应该能反映砂岩的破裂破坏特征，并且不同岩样的声热指标变化趋势应大体相同，以利于后续采用函数进行量化分析。此外，选取的声热指标数量应该适中，若选取的声热指标过多，则会造成分析砂岩的声热破坏前兆时可能会出现过多的破坏前兆；反之，则会造成关键破裂破坏信息的遗失，无法确定典型的岩石破坏的前兆信号。本书选取应力、累计振铃计数、AIRT 和累计高温点比例因子振幅作为砂岩双轴加载过程中的声热指标。累计振铃计数是分析砂岩破裂和表征损伤变量最常用的指标之一，并且不同岩样的累计振铃计数均在加载过程中表现为单调递增的趋势；不同岩样双轴加载过程中的 AIRT 曲线具有上升型和下降型的变化趋势，AIRT 也是以往研究中分析岩石破坏前兆最常用的红外辐射指标；高温点比例反映的是岩石双轴加载过程中的高温点数量的变化特征，其与岩石内部的微破裂紧密相关，鉴于不同岩样的高温点比例指标变化趋势具有一定的离散性，于是作者基于该指标提出了累计高温点比例因子振幅的新指标，新指标的变化除了可以反映岩石的微破裂特征，而且不同岩样的累计高温点比例因子振幅均表现为单调递增的变化趋势，因此作者将其选为红外辐射指标之一。

图 3-11 为干燥状态砂岩双轴加载过程中线性函数归一化后的声热数据。线性函数归一化后声热多元数据间的相互关系和变化趋势保持不变，并且满足如下性质：①声热多元数据大小关系保持不变，例如对于 AIRT 数据有 $x_1 < x_2$，则 $y(x_1) < y(x_2)$；②声热多元数据的相对大小保持不变。

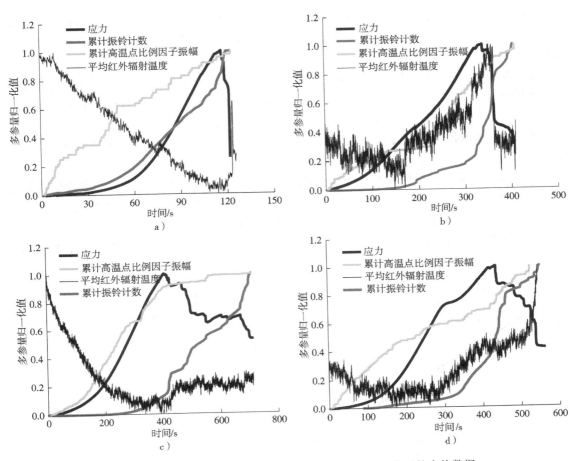

图 3-11　干燥状态砂岩双轴加载过程中线性函数归一化后的声热数据
a）岩样 A_1　b）岩样 B_1　c）岩样 C_1　d）岩样 D_1

3.3.2　多元信息的函数表征

　　函数是用来实现砂岩双轴加载过程中声热信息定量表征的有效手段，通过多元信息函数的态势变化、量值等，反映声发射、红外辐射信息的变化规律以及各信息参量之间的关联。作者采用多项式和有理函数拟合岩样双轴加载过程中的声热数据，不同岩样双轴加载过程中 AIRT 指标的变化趋势具有一定的离散性，作者采用有理函数对其进行拟合时，发现相关系数较低，因此，采用多项式函数对 AIRT 进行拟合。部分岩样的累计振铃计数在压密阶段时接近 0，例如岩样 C_1，若采用有理函数拟合，相关系数也较低，因此对其采用多项式拟合。应力和累计高温点比例因子振幅则采用有理函数进行拟合，多元信息有理函数的表达式为[150]：

$$f_i(x) = \frac{\sum\limits_{j=1}^{n+1} a_{ij}x^{n+1-j}}{x^m + \sum\limits_{j=1}^{m} b_{ij}x^{m-j}} \tag{3-6}$$

　　式中，i 的取值为 1，2；j 的取值为 1，2。$f_1(x)$ 为双轴加载轴向应力函数，$f_2(x)$ 为累计高温点比例振幅函数。m 和 n 为分母和分子中 x 项的最高次幂。为了统一不同岩样的 m 和 n 值，且保证拟合曲线的相关系数不低于 0.95，m 和 n 值分别取为 1 和 3。a_{ij} 和 b_{ij} 为 x 项的系数。

对不同岩样双轴加载过程中的 AIRT 和累计振铃计数进行多项式拟合，发现四次项时拟合函数的相关系数最高，于是所有岩样采用四次函数进行拟合。四次项式函数的表达式为：

$$f_k(x) = c_{k1}x^4 + c_{k2}x^3 + c_{k3}x^2 + c_{k4}x^1 + c_{k5} \tag{3-7}$$

式中，k 的取值为 3，4；$f_3(x)$ 为累计振铃计数函数，$f_4(x)$ 为 AIRT 曲线函数，c_{k1}、c_{k2}、c_{k3}、c_{k4} 和 c_{k5} 为四次项式函数的系数。

采用多项式函数和有理函数对砂岩双轴加载过程中声热多元数据表征后的曲线如图 3-12 所示，源数据与有理函数拟合的曲线相似度较高，达 0.95 以上。需要注意的是，采用多项式函数和有理函数拟合时仅对峰值应力前的声热数据进行拟合。这是因为，研究和确定破坏前兆应该侧重于岩样的峰值应力前，部分岩样峰值应力后已经发生破坏，例如岩样 A_1 和 B_1。

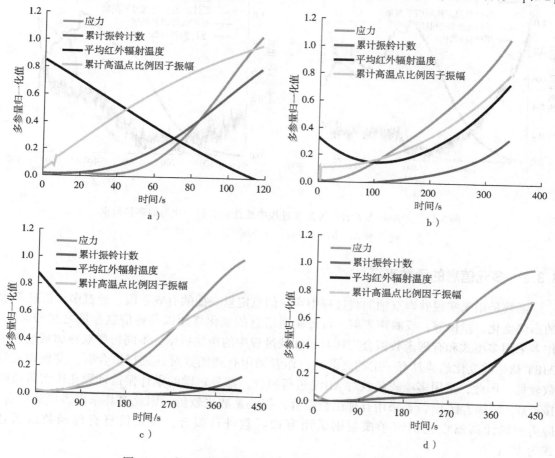

图 3-12　声热多元数据的多项式函数和有理函数表征曲线

a）岩样 A_1　b）岩样 B_1　c）岩样 C_1　d）岩样 D_1

通过对砂岩双轴加载过程中的声热监测数据进行线性函数归一化处理，实现了多个参量在统一尺度下的信息融合，并且消除了量纲的影响。之后作者采用多项式函数和有理数函数对归一化后的声热多元数据进行拟合。拟合函数可以用于砂岩破裂过程多元信息的量化表征，为多元信息的量化分析以及确定砂岩破坏的声热前兆提供了数学支撑，应用拟合函数数学模型研究岩石破裂过程中的声热特征是实现岩石工程灾害监测预警的有效手段之一。

3.4　声发射和红外辐射的综合评价模型

3.4.1　建立模型

若原始变量分别为 x_1，x_2，$\cdots$，x_n，经过主成分分析后的新变量为 F_1，F_2，$\cdots$，F_m，新变量是 x_1，x_2，$\cdots$，x_n 的线性组合，其中 $m < n$。新变量 F_1，F_2，$\cdots$，F_m 的坐标系是在原始变量坐标系的基础上经过平移和旋转后得到的，称新变量 F_1，F_2，$\cdots$，F_m 构成的空间为 m 维主超平面。在该平面上，第一主成分 F_1 对应于数据变化（贡献率 e_1）最大的方向，对于 F_2，$\cdots$，F_m，依次有 $e_2 \geq e_3 \geq \cdots \geq e_m$。因此，新变量 F_1 是保留原始数据信息量最多的一维变量，m 维超平面是携带原始数据信息最大的子平面。虽然这样处理损失了部分的数据信息，但是却抓住了主要矛盾，并从原始变量中获取了大部分的变异信息，从而实现了减小变量的数目和提取了主要的信息，有利于问题的分析和处理。

经过主成分分析可以剔除部分对最终结果贡献较小的原始数据信息，但是保留了加载砂岩破裂破坏过程中声发射和红外辐射主要特征信息，有利于双轴加载砂岩破裂问题的分析和处理。本书选取了应力、累计振铃计数、AIRT 和累计高温点比例作为反映砂岩破裂破坏过程中应力场、声发射场和红外辐射温度场的主要分析指标。砂岩双轴加载过程中声发射和红外辐射多参量综合评价模型的计算流程如图 3-13 所示。

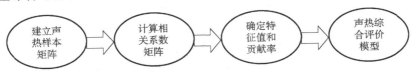

图 3-13　声发射和红外辐射多参量综合评价模型的计算流程

通过 3.3 节的分析已经获得了多参量归一化后的声热数据，之后采用多项式函数和有理数函数对声热数据进行拟合，得到了岩石双轴加载过程中声热数据的数学模型。接下来需对声热数学模型进行等间距采样，由于岩样双轴加载过程中的应力、声发射和红外辐射的数据采集频率不同，为了统一不同信息参量的间距，并且尽可能精细化地表征原始数据的真实性，本书确定时间步长为 1s，也即相邻两数据的时间差为 1s，以便构建岩石双轴加载破裂过程中声热数据的样本矩阵，该矩阵由声热多元信息的列向量构成。干燥岩样双轴加载过程中的声热样本矩阵为：

$$F_{A_1} = (X_1，X_2，X_3，X_4) = \begin{bmatrix} -0.0265 & 0.0147 & 0.845 & 0.0524 \\ -0.0197 & 0.0146 & 0.837 & 0.0632 \\ \vdots & \vdots & \vdots & \vdots \\ 1.032 & 0.796 & -0.0122 & 0.971 \end{bmatrix} \tag{3-8}$$

$$F_{B_1} = (X_1, X_2, X_3, X_4) = \begin{bmatrix} 0.00835 & 0.110 & 0.0144 & 0.325 \\ 0.00812 & 0.111 & 0.0135 & 0.321 \\ \vdots & \vdots & \vdots & \vdots \\ 1.052 & 0.794 & 0.321 & 0.727 \end{bmatrix} \quad (3-9)$$

$$F_{C_1} = (X_1, X_2, X_3, X_4) = \begin{bmatrix} -0.00733 & 0.0192 & -0.00411 & 0.872 \\ -0.00645 & 0.0185 & -0.00413 & 0.868 \\ \vdots & \vdots & \vdots & \vdots \\ 0.994 & 0.768 & 0.145 & 0.0464 \end{bmatrix} \quad (3-10)$$

$$F_{D_1} = (X_1, X_2, X_3, X_4) = \begin{bmatrix} 0.0437 & -0.0199 & 0.00374 & 0.271 \\ 0.0415 & -0.0160 & 0.00347 & 0.270 \\ \vdots & \vdots & \vdots & \vdots \\ 0.970 & 0.745 & 0.740 & 0.476 \end{bmatrix} \quad (3-11)$$

式中，F_{A_1}、F_{B_1}、F_{C_1} 和 F_{D_1} 为 117×4、340×4、410×4 和 437×4 的二维矩阵，X_1、X_2、X_3 和 X_4 为应力、累计高温点比例因子振幅、累计振铃计数和平均红外辐射温度构成的等时间步长的列向量。

依据上述二维矩阵计算不同侧压岩样声热数据的相关系数矩阵，岩样 A_1、B_1、C_1 和 D_1 的相关系数矩阵如下：

$$\eta_{A_1} = \begin{bmatrix} 1 & 0.8563 & 0.9866 & -0.8907 \\ 0.8563 & 1 & 0.9227 & -0.9969 \\ 0.9866 & 0.9227 & 1 & -0.9489 \\ -0.8907 & -0.9969 & -0.9489 & 1 \end{bmatrix} \quad (3-12)$$

$$\eta_{B_1} = \begin{bmatrix} 1 & 0.9952 & 0.9619 & 0.8858 \\ 0.9952 & 1 & 0.9805 & 0.9231 \\ 0.9619 & 0.9805 & 1 & 0.9687 \\ 0.8858 & 0.9231 & 0.9687 & 1 \end{bmatrix} \quad (3-13)$$

$$\eta_{C_1} = \begin{bmatrix} 1 & 0.9825 & 0.8853 & -0.8132 \\ 0.9825 & 1 & 0.8018 & -0.8998 \\ 0.8853 & 0.8018 & 1 & -0.5406 \\ -0.8132 & -0.8998 & -0.5406 & 1 \end{bmatrix} \quad (3-14)$$

$$\eta_{D_1} = \begin{bmatrix} 1 & 0.9271 & 0.8386 & 0.6296 \\ 0.9271 & 1 & 0.7175 & 0.8490 \\ 0.8386 & 0.7175 & 1 & 0.8508 \\ 0.6296 & 0.3490 & 0.8508 & 1 \end{bmatrix} \quad (3-15)$$

依据特征矩阵计算特征值，计算公式如下：

$$|\eta - \lambda_i E| = 0 \quad (3-16)$$

式中，λ_i 为相关系数矩阵的特征值，$i = 1, 2, 3, 4$；E 为单位矩阵。

相关系数矩阵的特征值越大，则表明该特征值携带的双轴加载砂岩声热数据的信息量越多。依据特征值来确定主成分的个数，并且主成分的个数应尽可能得少。通常依据特征值大于 1 或特征值的贡献率不小于 85% 的原则确定主成分，表达式如下[151-153]：

$$\frac{\lambda_i}{\sum_{i=1}^{4} \lambda_i} \times 100\% \geqslant 85\% \tag{3-17}$$

依据主成分分析计算出岩样 A_1、B_1、C_1 和 D_1 相关系数矩阵的特征值及贡献率见表 3-2，限于篇幅未列举所有岩样的相关系数矩阵及贡献率，其余岩样也类似计算。

表 3-2　岩样 A_1、B_1、C_1 和 D_1 相关系数矩阵的特征值及贡献率

η_{A_1} 的特征值	贡献率	η_{B_1} 的特征值	贡献率	η_{C_1} 的特征值	贡献率	η_{D_1} 的特征值	贡献率
0.0001	0.0025	0.0009	0.0225	0.0015	0.0375	0.0057	0.1425
0.0025	0.0625	0.0082	0.2050	0.0472	1.1800	0.0828	2.0700
0.1957	4.8925	0.1326	3.3150	0.4753	11.8825	0.7346	18.3650
3.8017	95.0425	3.8583	96.4575	3.4759	86.8975	3.1769	79.4225

依据式（3-16）确定岩样 A_1、B_1、C_1 的主成分均为一个，岩样 D_1 最大特征值 3.1769 的贡献率为 79.4225%，低于 85%，考虑到特征值 3.1769 远大于 1，贡献率与最低阈值仅相差 5.5775%，也即特征值 3.1769 已经携带了该岩样大多数的声热数据信息，并且若将主成分个数确定为 2 会增加计算量。为此，本书将岩样 D_1 的主成分个数定为 1。岩样 A_1、B_1、C_1 和 D_1 最大特征值对应的特征向量为：

$$u = (u_1,\ u_2,\ u_3,\ u_4) = \begin{bmatrix} -0.4910 & 0.4982 & -0.5310 & 0.5377 \\ -0.4968 & 0.5054 & -0.5315 & 0.4768 \\ -0.5074 & 0.5069 & -0.4644 & 0.5370 \\ 0.5047 & 0.4894 & 0.4689 & 0.4418 \end{bmatrix} \tag{3-18}$$

式中，u_1、u_2、u_3、u_4 为岩样 A_1、B_1、C_1 和 D_1 最大特征值对应的特征向量。

最大特征值对应的特征向量数值为主成分函数中声热数据参量的系数，也即主成分函数的因子荷载。由此建立砂岩双轴加载过程中声热信息量的综合评价模型为：

$$g = a_1 x_1 + a_2 x_2 + a_3 x_3 + a_4 x_4 \tag{3-19}$$

式中，g 为综合评价模型，x_1、x_2、x_3 和 x_4 为应力、累计高温点比例因子振幅、累计振铃计数和 AIRT。a_1、a_2、a_3 和 a_4 为各指标对应的权重，其值为因子荷载与各因子荷载绝对值之和的比值，表达式为：

$$a_i = \frac{h_i}{|h_1| + |h_2| + |h_3| + |h_4|} \tag{3-20}$$

式中，h_i 为因子荷载，$i = 1,\ 2,\ 3,\ 4$。

依据式（3-19）和式（3-20）可计算岩样 A_1、B_1、C_1 和 D_1 的声热综合评价模型分别为：

$$g_{A_1} = -0.2455 x_1 - 0.2484 x_2 - 0.2537 x_3 + 0.2524 x_4 \tag{3-21}$$

$$g_{B_1} = 0.2491 x_1 + 0.2527 x_2 + 0.2534 x_3 + 0.2448 x_4 \tag{3-22}$$

$$g_{C_1} = -0.2661 x_1 - 0.2663 x_2 - 0.2327 x_3 + 0.2349 x_4 \tag{3-23}$$

$$g_{D_1} = 0.2689 x_1 + 0.2392 x_2 + 0.2694 x_3 + 0.2216 x_4 \tag{3-24}$$

3.4.2　破坏前兆

主成分分析法中的权重分析为寻找表征砂岩破裂破坏的声热敏感指标提供了实验和理论基础。通过主成分分析法构建了基于声热数据的双轴加载砂岩破裂破坏的综合评价模型，综合评价模型包含了砂岩内部的微破裂（累计振铃计数）与其表面的温度场（AIRT 和累计高温点比例因子振幅）等多参量，实现了砂岩内部和表面指标结合对砂岩加载破裂过程的分析，声热综合评价模型的物理意义为应力、声发射和红外辐射参量与其权重乘积的和。

图 3-14 为干燥砂岩不同侧压下双轴加载过程中的"应力-时间"和"综合评价模型-时间"曲线。如图 3-14 所示，岩样 A_1 和 C_1 的综合评价模型曲线为先升后降型，而岩样 B_1 和 D_1 的综合评价模型曲线为上升型，且上升速率不断增加。作者对所有岩样综合评价模型曲线进行分析，发现综合评价模型曲线的变化趋势仅有先升后降和上升型两种。这种变化趋势的差异是由 AIRT 决定的，因为应力、累计振铃计数和累计高温点比例曲线在峰值应力前均呈上升的趋势，而 AIRT 曲线则有上升型和下降型两种。AIRT 为上升型对应的综合评价模型曲线为上升型；反之，则对应的综合评价模型为下降型。尽管不同岩样双轴加载过程中综合评价模型的值具有差异，也即具有一定的离散性，但是本节将会通过对综合评价模型的变化趋势进行分析研究，进而确定砂岩的破坏前兆。因此，不同岩样综合评价模型值的差异对研究的主题和结果没有影响。

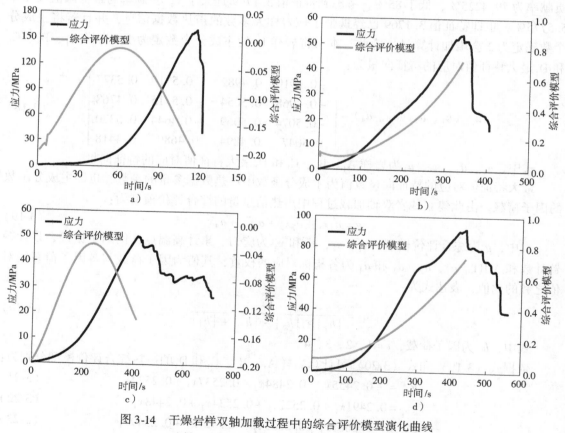

图 3-14　干燥岩样双轴加载过程中的综合评价模型演化曲线
a）岩样 A_1　b）岩样 B_1　c）岩样 C_1　d）岩样 D_1

作者认为将岩石声热综合评价模型的某一特征作为破坏前兆需要优先满足的三个特征：

（1）破坏前兆特征应在岩石峰值应力发生前表现明显（峰后阶段岩石的承载力在不断下降，实际上已经发生破坏了），易于被量化提取的异常特征，并且所有的岩样都具有该特征。

（2）前兆特征出现在峰值应力前的一段时间，若是临近岩石峰值应力时出现，则应用到工程现场时可能没有充足的时间应对因岩体破坏带来的灾变事件。

（3）岩石破坏前兆特征信号尽量选取数量相对较少的指标变化类型，如果选取的指标数量过多，有可能造成信息量大，不易判别破坏前兆，可能会出现误报。与此同时，也应避免采用单一的指标，若采用单一的指标去判别破坏前兆，则有可能出现漏报。因此，应选择适中的指标数量，以提高精准预测岩石破坏的准确率。

对岩样 A_1 和 C_1 的声热综合评价模型曲线进行多项式拟合，分别采用 2 次、3 次和 4 次进行拟合，发现四次项时拟合曲线的相关系数最高，达 0.999，也即拟合曲线几乎与声热综合评价模型曲线完全重合。之后对拟合曲线方程进行一次和二次求导，一次导数的物理意义为声热综合评价模型曲线的变化速率，间接反映了综合评价模型对砂岩加载破裂过程的敏感性，而一次导数的极值则表明敏感性状态的转变。绘制声热综合评价模型的导数演化曲线，如图 3-15 所示，岩样 A_1 和 C_1 的一次导数曲线整体呈 "上升-下降-上升" 的变化趋势，在临近峰值应力时一次导数出现极小值，对应二次导数的值为 0。其余声热综合评价模型曲线为先升后降型的岩样也均在临近峰值应力时一次导数出现了极小值点，作者将一次导数的极小值点作为岩石的破坏前兆点。岩样 A_1 的破坏前兆点出现在 104s，前兆点的应力值为 132.7MPa，峰值应力为 149MPa，对应的应力水平为 $0.79\sigma_{max}$；岩样 C_1 的破坏前兆点出现在 366s，前兆点的应力值为 43.1MPa，峰值应力为 49MPa，对应的应力水平为 $0.85\sigma_{max}$。

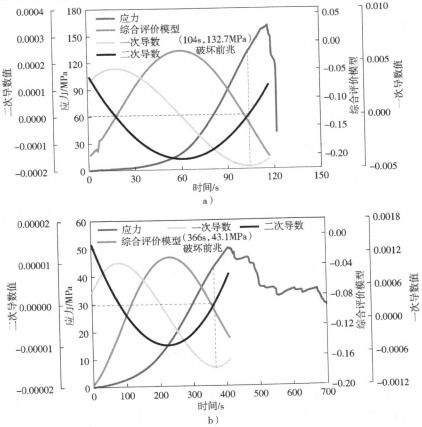

图 3-15　先升后降型综合评价模型及其导数演化曲线
a）岩样 A_1　b）岩样 C_1

对岩样 B_1 和 D_1 的综合评价模型曲线进行了四次多项式、幂函数以及指数函数拟合，发现拟合曲线与综合评价模型的相关系数均较高，不低于0.98。然而，对多项式、幂函数以及指数函数进行一次和二次求导时，发现一次导数和二次导数曲线在岩石临破坏前无明显变化特征，也即采用多项式、幂函数以及指数函数对上升型岩样的综合评价模型曲线进行拟合，无法确定岩石的破坏前兆。因此还必须寻找新的函数形式对综合评价模型曲线进行拟合，这也是确定岩石破坏前兆的难点之一。作者尝试采用有理函数对上升型岩样的综合评价模型曲线进行拟合，其表达式见3.3.2节的式（3-6），发现当分子为常数，分母的最高次幂为2或3时，拟合曲线的相关系数均不低于0.98，并且拟合曲线在接近岩石峰值应力时开始偏离综合评价模型曲线，其余上升型岩样的综合评价模型曲线也出现了类似的现象。图3-16为岩样 B_1 和 D_1 综合评价模型的有理函数拟合曲线、有理函数的一次导数曲线和二次导数曲线。

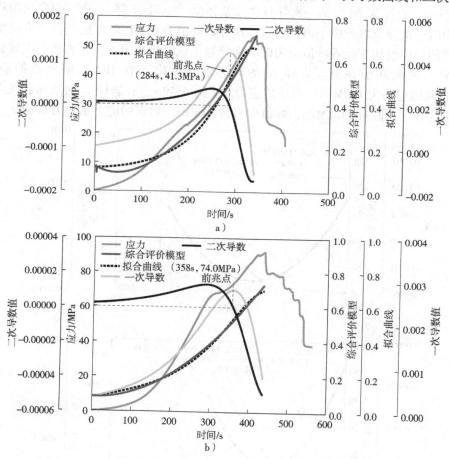

图 3-16　上升型综合评价模型的有理函数拟合曲线和导数曲线
a）岩样 B_1　　b）岩样 D_1

如图3-16所示，岩样 B_1 和 D_1 的有理函数拟合曲线整体呈先加速上升，之后缓慢上升的变化趋势，且在临近峰值应力时拟合曲线的上升有变缓的趋势。有理函数的一次导数曲线整体呈先升后降的趋势，存在极大值点，对应二次导数的值为0。岩样 B_1 和 D_1 的极大值点分别在284s和358s出现，极大值点的应力值分别为41.3MPa和74.0MPa，对应的应力水平分

别为 $0.76\sigma_{max}$ 和 $0.80\sigma_{max}$。其余综合评价模型曲线为上升型的岩样也同样存在极大值点，且应力水平值为 $0.75\sigma_{max} - 0.85\sigma_{max}$。因此，作者将一次导数的极大值点作为综合评价模型曲线为上升型岩样的破坏前兆点。

3.4.3　破坏的概率

本书依据数学方法确定的砂岩破坏前兆点的应力水平为 $0.75\sigma_{max} - 0.85\sigma_{max}$，学者们通过实验测得砂岩试样扩容起始点的应力水平为 $0.68\sigma_{max} - 0.87\sigma_{max}$[140]。从时域上进行分析，本书确定的破坏前兆点应该在砂岩的扩容阶段之内，或者虽然还未进入扩容阶段但是已经接近扩容起始点。扩容起始点之前砂岩处于裂纹稳定扩展阶段，横向变形速率小于纵向变形速率，由于应力集中或砂岩内部的缺陷，原生裂纹产生新裂纹并稳定扩展，以形成更多的裂隙积聚或裂纹长度延伸，砂岩开始出现偏离线弹性的塑性变形。随着加载的进行，应力值上升到满足裂隙不稳定发育的阈值（扩容起始应力），此时体积应变下降到最小值点时，砂岩开始进入裂纹不稳定发育阶段（扩容阶段）。扩容阶段是岩石裂隙全面发展的阶段，发生剧烈的膨胀变形，此时砂岩的横向变形速率大于纵向变形速率，体积应变曲线呈近指数增长，最终砂岩发生破坏。为了更好地分析砂岩的破坏特征，作者将砂岩破坏前兆点至峰值应力的加载过程定义为破裂期。破坏前兆的确定为岩石工程灾害在时间域上的监测预警提供了参考，而对砂岩破裂期进行深入分析则可能实现对岩石灾变过程的监测。

作者尝试采用声热综合评价模型确定岩样在破裂期发生破坏的概率值。从能量叠加法的角度分析，砂岩的变形进行破裂期后，其破裂过程也是声热信息能量的积聚过程。当积聚量达到极限值时（峰值应力），随着加载的进行砂岩的承载力不断下降，也即砂岩开始破坏。由于概率密度函数值必须为非负，而由图 3-14 可知先升后降型岩样的声热综合评价模型值为负，因此不能直接将声热综合评价模型值作为概率密度函数值。依据能量叠加法，建立基于声热综合评价模型的砂岩破裂期声热信息总能量表达式为：

$$E(t) = \sum_0^t (a_1 x_1 + a_2 x_2 + a_3 x_3 + a_4 x_4)^2 \tag{3-25}$$

式中，$E(t)$ 为岩石破裂期的声热信息总能量，t 为破裂期的时间，x_1、x_2、x_3 和 x_4 均为与时间有关的声热信息参量。

将破裂期声热信息总能量表达式作为概率密度值，借鉴概率论与数理统计教材中概率分布函数的计算公式，岩样双轴加载过程中破裂期发生破坏的概率值表达式为[158]：

$$P(t) = \frac{\int_0^t E(x)\,\mathrm{d}x}{\int_0^T E(x)\,\mathrm{d}x} \tag{3-26}$$

式中，$P(t)$ 为岩样在破裂期任何时刻下发生破坏的概率值，T 为峰值应力对应的时间。

当 $t = T$ 时，砂岩的加载到达峰值应力，峰后阶段砂岩的承载力不断下降，也即砂岩的破坏过程，因此峰值应力时岩样发生破坏的概率值为 1。依据式（3-26）计算岩样破坏的概率密度曲线，图 3-17 为砂岩双轴加载过程中的破坏概率演化曲线。如图 3-17 所示，先升后降型声热综合评价模型对应的砂岩破坏概率演化曲线呈 "快速上升-平稳过渡-快速上升" 的变化趋势，破裂期在破坏概率曲线平稳过渡之后的快速上升阶段出现，岩样 A_1 和 C_1 破裂期开始时的破坏概率值分别为 0.675 和 0.846。上升型声热综合评价模型对应的砂岩破坏概率

演化曲线呈近指数增长的变化趋势，岩样 B_1 和 D_1 破裂期开始时的破坏概率值分别为 0.446
和 0.441。通过分析破裂期的破坏概率演化曲线即可获得砂岩在破裂期任意时刻下发生破坏
的概率值。

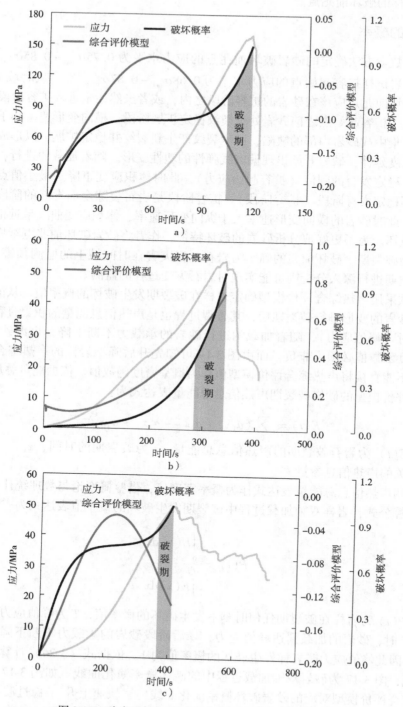

图 3-17　砂岩双轴加载过程中的破坏概率演化曲线
a）岩样 A_1　b）岩样 B_1　c）岩样 C_1

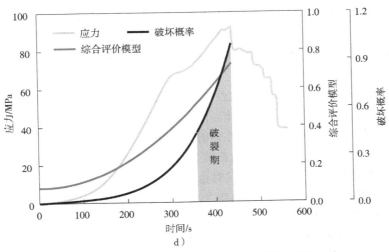

图 3-17　砂岩双轴加载过程中的破坏概率演化曲线（续）

d）岩样 D_1

　　由于地下工程岩石（体）破裂破坏过程的非线性，以及可能还会存在周围环境因素的复杂性和多样性，例如水、瓦斯、冲击动压的影响等，同时受控于监测手段和技术的精度，采用单一的声发射或红外辐射指标去寻找和确定岩石的破坏前兆，在工程施工现场未必能有效地对岩石的灾变进行监测预警，会出现误报和漏报的问题。因此，本书采用多个声热指标分析砂岩的破裂破坏过程，之后构建了考虑各指标对砂岩破坏影响权重的声热综合评价模型。最后通过对综合评价模型的变化趋势进行研究，进而确定了砂岩的破坏前兆。以往虽然有诸多研究对砂岩的破坏过程进行分析并确定了破坏前兆，但是学者们均是采用单一的指标，或者采用多指标分析却未考虑声热指标的离散性。实际上，即使是同一工程状况的工程岩石，其声热监测指标也可能会有很大的差异，未考虑监测数据的离散性可能会造成研究成果仅仅适用于特定的岩石工程。对于具有诸多影响因素的岩石工程灾变，诸如煤与瓦斯突出、岩爆和矿井突水等，则更易出现漏报和误报的风险。本书确定的破坏前兆考虑岩石力学实验的离散性，选取的应力、累计振铃计数和累计高温点比例因子振幅等指标在岩石峰值应力前均是呈上升的趋势，尽管不同岩样的平均红外辐射指标具有上升型和下降型两种变化趋势，若详细分析其加载过程中的变化趋势，则又会呈现出更多的离散性，但是其离散性已经在本书的考虑范围之内。本书依据数学方法确定了岩石的破坏前兆点，并且所有岩样都具有该前兆特征，研究结果也为今后从数学的角度分析岩石破裂破坏过程提供了新思路。

3.5　本章小结

　　1）干燥状态砂岩的侧向应力对 AIRT 变化幅度的影响较小，而饱水状态砂岩随着侧压的增加，AIRT 变化幅度呈先下降后上升的变化趋势。此外，饱水对砂岩双轴加载过程中的AIRT 变化幅度有促进作用，侧向应力为 0、10MPa、20MPa 和 30MPa 时，饱水岩样 AIRT 变化幅度分别是干燥岩样的 2.45 倍、1.17 倍、1.40 倍和 5.37 倍。

　　2）干燥状态岩样峰值应力时和最终破坏时的累计振铃计数随着侧压的增加呈不断增大

的趋势，而饱水状态岩样峰值应力时和最终破坏时的累计振铃计数随着侧压的增加呈先降低后缓慢增加的趋势。此外，饱水会促进单轴加载砂岩峰值应力时和最终破坏时的累计振铃计数，而抑制双轴加载砂岩（10MPa、20MPa、30MPa）峰值应力时和最终破坏时的累计振铃计数。

3）基于高温点比例因子定义了高温点比例因子振幅，采用二倍标准偏差作为高温点比例因子振幅突变的临界线，并提出了累计高温点比例因子的红外辐射新指标，该指标为建立声热综合评价模型以及后文构建基于红外辐射的损伤变量奠定了基础。

4）基于主成分分析法构建了砂岩加载破裂过程中声热综合评价模型，该模型量化了各声热指标对砂岩破裂破坏的影响权重，同时也为确定砂岩破坏前兆提供了理论依据。

5）提出了一种确定砂岩破坏前兆的新方法，该方法考虑了加载砂岩声发射和红外辐射数据的离散性。砂岩的声热综合评价模型曲线分为先升后降型和上升型两种，提出将声热综合评价模型一次导数的极小值和极大值分别作为先升后降型和上升型岩样的破坏前兆点。

第4章　砂岩加载破裂过程中的红外辐射响应机制

岩石材料因受到试验机加载力作用导致内部颗粒间距离发生变化，引起岩石内部热力学变化，从而导致表面红外辐射温度变化，这种由力产生热的现象被称为加载岩石的热力耦合效应。刘善军等[116,155]将岩石破裂过程中红外辐射的响应机制归纳为热力耦合效应，也即岩石内部热弹效应和摩擦热效应综合作用的结果。孙海[4]认为裂纹扩展热效应也是岩石加载破裂过程中红外辐射变化的因素之一。本章基于塑性变形热效应推导了摩擦热公式，构建了裂纹塑性区温度密度函数，阐明了裂纹扩展热效应，尝试从定量分析角度揭示砂岩加载破裂过程中的红外辐射响应机制，并结合有限元软件二次开发，确定砂岩破裂产生热效应的影响范围。

4.1　热弹效应和摩擦热效应

4.1.1　热弹效应

Lord Kelvin 针对岩石类固体在高应力的作用下会发生温度升高的现象提出了热弹效应[156]。国内外学者开展了加载岩石损伤破裂过程的红外辐射观测实验，发现岩石表面的红外辐射温度与其受力特征密切相关，岩石表面的 AIRT 随着剪切应力的增加呈上升的趋势；而随着张拉应力的增加呈下降的趋势[22]。

假设加载砂岩损伤破裂过程中的热弹效应是等熵的过程，也即绝热的过程，应力和岩石表面的物理温度均随时间的增加呈缓慢上升的趋势，则物理温度与砂岩的应力之间有如下的关系[4]：

$$\Delta T_1 = -\frac{T\beta\delta_{ij}\Delta\varepsilon_{ij}}{C_{\mathrm{p}}\rho} = -\frac{T\alpha}{C_{\mathrm{p}}\rho}\Delta(\sigma_1 + \sigma_2 + \sigma_3) \tag{4-1}$$

式中，ΔT_1 为热弹效应温度的变化量；ρ 为密度，$2600\mathrm{kg/m^3}$；C_{p} 为常量压力下的质量热容；T 为岩石的温度；α 为热膨胀系数；

当砂岩受到的应力值较小时，砂岩表面的红外辐射温度与其应力值呈线性函数关系[157-158]，具体物理现象为张拉应力时温度下降，而剪切应力时温度上升[158]。煤矿采掘工程面岩石在常温常压下通常为受热膨胀材料，由式（4-1）可得，升温量与砂岩的温度、常量压力下的质量热容和热膨胀系数等因素有关。由于地下工程岩石内部孔隙、微裂隙等微观结构特征表现出较强的各向异性和非均匀性，即使是同一岩样在不同的环境下也很难用式（4-1)量化表征其表面的物理温度与应力的关系，因此有必要设定热弹效应系数对式（4-1）进行修正，其表达式为：

$$\Delta T_1 = -\frac{T\beta\delta_{ij}\Delta\varepsilon_{ij}}{C_p\rho} = -\frac{kT\alpha}{C_p\rho}\Delta(\sigma_1 + \sigma_2 + \sigma_3) \tag{4-2}$$

式中，k 为热弹效应的调整系数，该值与砂岩的非均匀性和各向异性等因素有关。

4.1.2 摩擦热效应

裂纹不稳定发育阶段是岩石裂隙全面发展的阶段[157]，当岩石的变形进入该阶段时，加载岩石的横向变形速率大于纵向变形速率，并且有大量不可逆新裂隙产生而发生了偏离线性的塑性变形，体积应变曲线呈近指数增长，导致砂岩的温度升高。岩石发生摩擦热效应过程中，其本质为岩石内部的塑性变形热，有如下的公式[158]：

$$\underbrace{J\rho C_p\dot{T}}_{温度升高} - \underbrace{\lambda\frac{\partial^2\gamma}{\partial x^2}T}_{导热部分} = \underbrace{\beta(\varepsilon^p)\sigma(\varepsilon^p,\ \dot{\varepsilon}^p,\ T)\dot{\varepsilon}^p}_{变形功转换部分} - \underbrace{\alpha ET\dot{\varepsilon}^e}_{潜热部分} \tag{4-3}$$

式中，J 为热当量；ε^p 为塑性应变；σ 为应力值；E 为弹性模量；λ 为热耗散系数；$\beta(\varepsilon^p)$ 为热效应系数；$\dot{\varepsilon}^e$ 为有效弹性应变率。

岩石双轴加载发生摩擦热效应的过程中，温度容易受到岩石种类和岩石的物理力学性质等因素的影响，例如含水率、原生孔隙微裂隙的分布特征等。不同种类材料和不同物理力学性质的岩石发生摩擦热效应时温升可能会有着显著的不同，因此，引用摩擦热效应系数作为岩石摩擦热产生热量的重要参数。根据加载岩石内部颗粒距离变化的 Zehnder 模型，岩石应力应变曲线满足硬化准则的前提，有[158]：

$$\beta(\varepsilon^p) = 1 - n\left(\frac{\varepsilon^p}{\varepsilon_0}\right)^{n-1} \tag{4-4}$$

式中，n 为硬化参数，ε_0 为初始塑性应变值。

在工程应用中，考虑到该系数的变量较小，根据经验定义后续数值模拟中摩擦热效应系数 $\beta(\varepsilon^p) = 0.9$ [159]。在砂岩双轴加载实验过程中，岩样的上下端均采用塑料薄膜与压力机压头和下端面进行绝热，并且实验是在常温下进行的。因此，岩石发生摩擦热效应的过程中几乎不与外界发生热传导和热交换，可以忽略式（4-3）中导热部分的影响，公式可简化为：

$$J\rho C_p\dot{T} = \beta(\varepsilon^p)\sigma(\varepsilon^p,\ \dot{\varepsilon}^p,\ T)\dot{\varepsilon}^p \tag{4-5}$$

式中，左侧为温度升高部分，右侧为塑性应变功。

由于宏观的温度演化速率无法反映砂岩双轴加载过程中微小应变步长下的温度特征，则定义砂岩双轴加载过程中等效塑性应变差值 $\Delta\varepsilon = \varepsilon_{i+1} - \varepsilon_i$ 极小时，推导出加载砂岩发生摩擦热效应时的温度变化表达式为：

$$\Delta T_2 = \frac{\beta(\varepsilon^p)}{J\rho C_p}\int_{\varepsilon_i}^{\varepsilon_{i+1}}\sigma(\varepsilon^p,\dot{\varepsilon}^p,T)\,\mathrm{d}\dot{\varepsilon}^p \tag{4-6}$$

由上式可以看出，岩石材料在塑性变形阶段温度值与其本构关系密切相关，而本构关系与塑性应变值和塑性应变率有关。由于实验过程中的压力机速率为等应变加载，因而不考虑应变率的影响。塑性应变增加过程也是砂岩损伤不断累积的过程，在此过程中伴随着累计振铃计数的快速增加。因此，上述温度模型修改为：

$$\Delta T_2 = \frac{\beta(\varepsilon^p)}{J\rho C_p}\int_{\varepsilon_i}^{\varepsilon_{i+1}}\sigma(D,T)\,\mathrm{d}\dot{\varepsilon}^p \tag{4-7}$$

Norton-Hoff 表达了材料受力过程中应变、温度的响应特征。塑性阶段的应力表达式采用基于等效应变的表达式，温度的影响参考 Norton-Hoff 模型的表达形式，其表达式为[158]：

$$\sigma(\varepsilon, D, T) = E(1-D)\varepsilon\exp\left(\frac{C}{T}\right) \tag{4-8}$$

式中，C 为温度相关系数，1.2869。

Kachanov 将损伤变量定义为[160]：

$$D = \frac{A_d}{A} \tag{4-9}$$

式中，A_d 为微缺陷的总面积；A 为无损时的面积。

若砂岩内部某个面积为 A 的截面最终破坏时的累计振铃计数为 C_0，则该截面上单位面积微元最终破坏时的累计振铃计数 C_w 为：

$$C_w = \frac{C_0}{A} \tag{4-10}$$

当断面损伤面积达到 A_d 时砂岩双轴加载过程中的损伤变量表达式可定义为[160]：

$$D = \frac{C_d}{C_0} \tag{4-11}$$

式中，C_d 为损伤面积达到 A_d 时的累计振铃计数。

砂岩双轴加载过程中，由于岩样的原生孔隙和微裂纹的各向异性，通常砂岩在峰后阶段未发生完全破坏时实验就停止了，刘保县等[161]提出了损伤变量的修正公式，其表达式为：

$$D = \left(1 - \frac{\sigma_p}{\sigma_c}\right)\frac{C_d}{C_0} \tag{4-12}$$

式中，σ_c 为岩样的峰值强度，σ_p 为残余强度。

在岩石和混凝土损伤力学中，塑性应变常采用经验公式，其表达式为[162]：

$$\varepsilon_p = \left(\frac{a_p D}{1-D}\right)^{b_p}\varepsilon_e \tag{4-13}$$

式中，a_p 和 b_p 为塑性参数，可分别取为 0.2~0.5 和 0.3~0.5。

砂岩双轴加载过程中的应变可分解为弹性应变 ε_e 和塑性应变 ε_p，其表达式为：

$$\varepsilon = \varepsilon_p + \varepsilon_e \tag{4-14}$$

联立式（4-13）和式（4-14）可以得到：

$$\varepsilon_p = \frac{\left(\frac{a_p D}{1-D}\right)^{b_p}}{\left(\frac{a_p D}{1-D}\right)^{b_p}+1}\varepsilon \tag{4-15}$$

相比混凝土应力应变曲线，砂岩双轴加载过程中首先经历原生孔隙、微裂隙的压密阶段，因此，对于砂岩试样，式（4-15）可以修正为：

$$\varepsilon_p = \begin{cases} 0\,(\varepsilon \leqslant \varepsilon_A) \\ \dfrac{\left(\frac{a_p D}{1-D}\right)^{b_p}}{\left(\frac{a_p D}{1-D}\right)^{b_p}+1}(\varepsilon-\varepsilon_A)\,(\varepsilon > \varepsilon_A) \end{cases} \tag{4-16}$$

式中，ε_A 为砂岩压密阶段结束时的应变值。

将式（4-8）和式（4-12）代入式（4-7）中可得：

$$\Delta T = \frac{\beta(\varepsilon^p)}{J\rho C_p}\int_{\varepsilon_i}^{\varepsilon_{i+1}} E\left[1-\left(1-\frac{\sigma_p}{\sigma_c}\right)\frac{C_d}{C_0}\right]\varepsilon\exp\left(\frac{C}{T}\right)\mathrm{d}\dot{\varepsilon}^p \tag{4-17}$$

联立式（4-16）和式（4-17）即可获得砂岩双轴加载过程中的摩擦热效应表达式。

4.2 裂纹扩展热效应

砂岩双轴加载过程中，其内部的微裂纹发育和扩展是一个不可逆的热力学和塑性应变能耗散的过程。在砂岩双轴加载后期，裂纹尖端塑性区的应变能高度集中，以热能的形式释放，并在裂纹尖端塑性区位置会形成一定范围的红外辐射温度场。与此同时，裂纹尖端塑性区附近存在热传导现象，导致裂纹尖端塑性区附近的温度升高。本节基于统一强度理论确定 I 型和 II 型裂纹的塑性区表达式，依据塑性区位置与裂纹尖端的欧氏距离，定义 I 型和 II 型裂纹塑性区的温度源密度函数。在此基础上，基于热传导的傅里叶定律确定温度场控制方程，最终形成砂岩双轴加载过程中裂纹扩展热效应的表达式。

4.2.1 裂尖塑性区的形状与尺寸

裂纹体在外力作用下裂尖附近材料由于应力集中而最先发生屈服。由于裂尖附近处于复杂的应力状态，不同的屈服准则将得到不同的塑性区形状与尺寸。目前常用的屈服准则有 Tewsca 准则、Mises 准则、双剪应力准则和统一强度理论，Tewsca 准则只考虑了一个或两个主应力的影响有缺陷，并且 Tewsca 准则只适用于抗剪强度为 0.50 倍屈服应力的材料。Mises 准则表达式平均考虑了各个主应力的影响，且具有非线性的特征，只适用于抗剪强度为 0.58 倍屈服应力的材料。双剪应力准则只适用于抗剪强度为 0.67 倍屈服应力的材料。为了弥补上述缺陷，俞茂宏提出了统一强度理论，弥补了 Tewsca 准则、Mises 准则和双剪应力准则等屈服准则仅适用于单一材料的缺陷[163]，统一强度理论考虑了 3 个主应力的影响，可适用于各种类型的材料，其表达式为[164-166]：

$$\sigma_1 - \frac{\alpha}{1+b}(b\sigma_2 + \sigma_3) = \sigma_t,\ \sigma_2 < \frac{\sigma_1+\alpha\sigma_3}{1+\alpha} \tag{4-18}$$

$$\frac{1}{1+b}(\sigma_1+b\sigma_2) - \alpha\sigma_3 = \sigma_t,\ \sigma_2 \geqslant \frac{\sigma_1+\alpha\sigma_3}{1+\alpha} \tag{4-19}$$

$$b = \frac{2\tau_s - \sigma_s}{\sigma_s - \tau_s} \tag{4-20}$$

式中，$\alpha = \sigma_t/\sigma_c$，$\sigma_t$ 和 σ_c 为单轴抗拉强度和单轴抗压强度；τ_s 为抗剪强度；σ_s 为屈服强度；b 为第二主应力对岩石强度影响的材料参数；σ_1、σ_2、σ_3 为主应力，顺序为 $\sigma_3 \leqslant \sigma_2 \leqslant \sigma_1$。

上述公式中的材料参数 α 和 b 为 $0\sim1$ 时，能得出适用于不同材料的屈服准则。当 $b=0$、$\alpha=1$ 时为 Tresca 准则；当 $b=1$、$\alpha=0.5$ 时为双剪强度屈服准则，此时接近 Mises 准则。

强洪夫等基于统一强度理论推导出了 I 型裂纹和 II 型裂纹塑性区边界的表达式[163]，对于 I 型裂纹，平面应力状态时，当 $\theta < 2\arcsin\dfrac{\alpha}{2+\alpha}$，塑性区的表达式为：

$$r_{\text{m}} = \frac{1}{2\pi}\left(\frac{K_{\text{I}}}{\sigma_{\text{s}}}\right)^2 \left\{ \cos\frac{\theta}{2}\left[1 - \frac{\alpha b}{1+b} + \sin\frac{\theta}{2}\left(1 + \frac{\alpha b}{1+b} \right) \right] \right\}^2 \tag{4-21}$$

式中，K_{I} 为裂尖应力强度因子。

当 $\theta \geqslant 2\arcsin\dfrac{\alpha}{2+\alpha}$ 时，塑性区的表达式为：

$$r_{\text{m}} = \frac{1}{2\pi}\left(\frac{K_{\text{I}}}{\sigma_{\text{s}}}\right)^2 \left[\cos\frac{\theta}{2}\left(1 + \frac{1-b}{1+b}\sin\frac{\theta}{2} \right) \right]^2 \tag{4-22}$$

对于 I 型裂纹，平面应变状态时，当 $0 \leqslant \theta < 2\arcsin(1-2\mu)$，有：

$$r_{\text{m}} = \frac{1}{2\pi}\left(\frac{K_{\text{I}}}{\sigma_{\text{s}}}\right)^2 \left\{ \cos\frac{\theta}{2}\left[1 - \frac{\alpha b}{1+b} - \frac{2\alpha\mu}{1+b} + \sin\frac{\theta}{2}\left(1 + \frac{\alpha b}{1+b} \right) \right] \right\}^2 \tag{4-23}$$

式中，μ 为红砂岩的泊松比，取 0.23。

当 $2\arcsin(1-2\mu) \leqslant \theta < \pi$ 时，有：

$$r_{\text{m}} = \frac{1}{2\pi}\left(\frac{K_{\text{I}}}{\sigma_{\text{s}}}\right)^2 \left\{ \cos\frac{\theta}{2}\left[1 - \frac{\alpha(1+2b\mu)}{1+b} + \sin\frac{\theta}{2}\left(1 + \frac{\alpha}{1+b} \right) \right] \right\}^2 \tag{4-24}$$

对于平面应力状态时的岩石 II 型裂纹，若 $0 \leqslant \theta \leqslant 2\arcsin\dfrac{1}{\sqrt{3}}$，则有：

$$r_{\text{m}} = \frac{1}{2\pi}\left(\frac{K_{\text{II}}}{\sigma_{\text{s}}}\right)^2 \left[\left(\frac{\alpha}{1+b} - 1 \right)\sin\frac{\theta}{2} + \frac{\alpha+b+1}{2(1+b)}\sqrt{4-3\sin^2\theta} \right]^2 \tag{4-25}$$

若 $2\arcsin\dfrac{1}{\sqrt{3}} \leqslant \theta \leqslant \pi$，则有：

$$r_{\text{m}} = \frac{1}{2\pi}\left(\frac{K_{\text{II}}}{\sigma_{\text{s}}}\right)^2 \left[\alpha\sin\frac{\theta}{2} + \frac{\alpha(1-b)}{2(1+b)}\sqrt{4-3\sin^2\theta} \right]^2 \tag{4-26}$$

对于平面应变状态时，有：

$$r_{\text{m}} = \frac{1}{2\pi}\left(\frac{K_{\text{II}}}{\sigma_{\text{s}}}\right)^2 \left[\left(\frac{a(1+2\mu b)}{1+b} - 1 \right)\sin\frac{\theta}{2} + \frac{\alpha+b+1}{2(1+b)}\sqrt{4-3\sin^2\theta} \right]^2 \tag{4-27}$$

为了简化计算，a 取 0，b 取 1，依据式（4-23）和式（4-27）绘制砂岩的 I 型和 II 型裂纹塑性区，如图 4-1 所示。在模型中，采用 J 积分来确定应力强度因子，对于某一方向 l 延伸的裂纹，J 积分的定义如下[167]：

$$J = \int_{\Gamma} W_{\text{s}}\boldsymbol{m}\boldsymbol{e}_1 - (\sigma\boldsymbol{m})(\nabla\boldsymbol{u}\boldsymbol{e}_1)\,\mathrm{d}l \tag{4-28}$$

式中，$\boldsymbol{e}_1$ 为裂纹的单位方向向量，$\boldsymbol{m}$ 为垂直于积分路径的单位方向向量。$\boldsymbol{u}$ 为位移。W_{s} 为应变能密度，其表达式为：

$$W_{\text{s}} = \frac{1}{2}(\sigma_x\varepsilon_x + \sigma_y\varepsilon_y + \sigma_{xy}\times 2 \times \varepsilon_{xy}) \tag{4-29}$$

J 积分与应力强度因子的表达式为[167]：

$$K_{\text{I}} = \sqrt{\frac{E^*}{1+\beta_{\text{K}}^2}J} \tag{4-30}$$

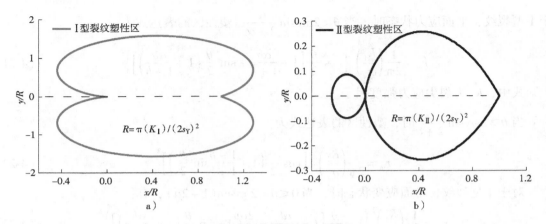

图 4-1 裂纹塑性区分布

a) Ⅰ型裂纹塑性区 b) Ⅱ型裂纹塑性区

$$K_{\mathrm{II}} = \sqrt{\dfrac{E^*}{1 + \dfrac{1}{\beta_{\mathrm{K}}^2}} J} \tag{4-31}$$

式中，β_{K} 为模式 Ⅰ 和模式 Ⅱ 裂纹位移的比值。E^* 为等效杨氏模量，其表达式为[167]：

$$E^* = \frac{E}{1 - \mu^2} \tag{4-32}$$

式中，E 为杨氏模量，μ 为泊松比。

4.2.2 温度源密度分布

砂岩材料为热的不良导体，根据以往实验经验，破裂瞬间的温度通常小于1℃，因此不必考虑耗散热对变形的影响。以往研究表明，砂岩加载破裂过程中张拉裂纹（Ⅰ型裂纹）的扩展会吸收热量，使得砂岩材料表面的温度降低，而剪切裂纹（Ⅱ型裂纹）的扩展会释放热量，导致砂岩材料表面的温度升高[22]。砂岩裂纹扩展过程中所吸收或释放的热量在塑性区内的分布用温度源密度函数表示。砂岩双轴加载过程中近似认为Ⅰ型裂纹塑性区内的变形特征与空间分布密切相关。由于塑性区的空间位置受到裂纹尖端的影响，故Ⅰ型裂纹塑性区内温度源密度 $q(r,\theta)$ 与裂纹尖端的距离有关，则有以下条件：

1）连续性条件

$$q(r,\ \theta) = 0 \quad [r = (r_{\mathrm{m}})_{\max}] \tag{4-33}$$

$$q(r,\ \theta) = q_{\min} \quad (r = 0) \tag{4-34}$$

式中，$q_{\min}$ 为 $q(r,\ \theta)$ 的最小值。

2）平衡条件，即温度源密度函数在塑性区上的积分等于Ⅰ型裂纹扩展单位长度时吸收的热量 Q：

$$\iint q(r,\theta)\,\mathrm{d}A = Q \tag{4-35}$$

3）当 $0 < r < r_{\mathrm{m}}$ 时，$q(r,\ \theta)$ 的变化规律与塑性区内虚拟裂纹张开位移的变化规律相似。

假设吸热源密度函数呈线性递减，依上述条件可构造 I 型裂纹的吸热源密度 $q(r, \theta)$ 为：

$$q(r, \theta) = -A_0\left[(r_m)_{max} - r\right] \tag{4-36}$$

式中，$(r_m)_{max}$ 为塑性区内的点至裂纹尖端（坐标原点）的最大距离，式中参数 A_0 可由条件 2）求得。

将式（4-36）代入式（4-35）有：

$$-2\int_0^\pi \int_0^{r_m} A_0\left[(r_m)_{max} - r\right] r\mathrm{d}r\mathrm{d}\theta = Q \tag{4-37}$$

由此可得：

$$A_0 = -\frac{3}{2}\frac{Q}{\pi r_{max}^3} \tag{4-38}$$

于是有：

$$q(r, \theta) = -\frac{3}{2}\frac{Q}{\pi r_{max}^3}(r_m - r) \tag{4-39}$$

将上述吸热源温度密度函数转换成笛卡尔坐标系下的函数，有：

$$q(x, y) = -\frac{3}{2}\frac{Q}{\pi r_{max}^3}\left[(r_m)_{max} - \sqrt{x^2 - y^2}\right] \tag{4-40}$$

式中，(x, y) 为塑性区内任一点的坐标。

双轴加载砂岩的 II 型裂纹扩展过程中温度源密度函数的构建与 I 型裂纹类似。假设 II 型裂纹的温度源密度 $q'(r, \theta)$ 是位置的函数，(r, θ) 为塑性区内任一点 S 的极坐标，设 $q'(r, \theta)$ 满足以下条件：

4）连续性条件

$$q'(r, \theta) = 0 \quad (r = r_m) \tag{4-41}$$

$$q'(r, \theta) = q_{max} \quad (r = 0) \tag{4-42}$$

式中，q_{max} 为 $q'(r, \theta)$ 的最大值。

5）平衡条件，$q'(r, \theta)$ 即温度源密度函数在裂纹塑性区上的积分应等于 II 型裂纹扩展单位长度时释放的热量 Q：

$$\iint q'(r, \theta)\mathrm{d}A = Q \tag{4-43}$$

6）当 $0 < r < r_m$ 时，$q(r, \theta)$ 的变化规律与塑性区内虚拟裂纹张开位移的变化规律相似。

依上述条件可构造砂岩双轴加载过程中 II 型裂纹的放热源温度密度函数 $q'(r, \theta)$ 为：

$$q'(r, \theta) = A'_0(r_m - r) \tag{4-44}$$

A'_0 由条件 5）求得，将式（4-44）代入式（4-43）有：

$$2\int_0^\pi \int_0^{r_m} A'_0(r_m - r) r\mathrm{d}r\mathrm{d}\theta = Q \tag{4-45}$$

由此可得：

$$A_0 = \frac{3}{2}\frac{Q}{\pi r_{max}^3} \tag{4-46}$$

于是：

$$q'(r, \theta) = \frac{3}{2}\frac{Q}{\pi r_{max}^3}(r_m - r) \tag{4-47}$$

将上述放热源密度函数转换成笛卡尔坐标系下的函数，有：

$$q'(x,\ y) = \frac{3}{2}\frac{Q}{\pi r_{max}^3}\left[(r_m)_{max} - \sqrt{x^2 - y^2}\right] \tag{4-48}$$

4.2.3 温度场控制方程

砂岩双轴加载过程中Ⅰ型和Ⅱ型微裂纹尖端附近的塑性区内，由于其内部温度源密度函数 $q(r_s,\theta_s)$ 和热传导效应的存在，以至于砂岩在无外部热源传热的情况下，Ⅰ型和Ⅱ型微裂纹尖端附近塑性区的温度场也是存在的。对于微裂纹周围，根据局部熵平衡[168]：

$$T\dot{\eta} = -q_{i,i} + Q_u \tag{4-49}$$

式中，η 为单位体积的熵；$q_{i,i}$ 为热通量的分量；T 为温度；Q_u 为热生成量。

对式（4-49）进行积分，可得：

$$\int_V \eta dV = -\int_A \frac{q_i n_i}{T}dA - \int_V \frac{q_i T_{,i}}{T^2}dV + \int_{V'} \frac{Q_u}{T}dV \tag{4-50}$$

由上式可以看出，砂岩的面积分热通量通过表面 A 引起的熵值的变化，第一个体积分表达的是裂纹周围热传导在岩石体积内引起的熵，第二个体积分是微裂纹扩展热源引起的熵，可将式（4-50）写成如下表达式：

$$\frac{d\eta}{dt} = -\left(\frac{q_i}{T}\right)_{,i} - \frac{q_i T_{,i}}{T^2} + \frac{Q_u}{T} \tag{4-51}$$

热力学第二定律的局部表达式为[168]：

$$-\frac{q_i T'_{,i}}{T^2} \geq 0 \tag{4-52}$$

引入赫姆霍兹自由能 ψ，其表达式为：

$$\psi = e - \eta T \tag{4-53}$$

式中，e 为岩石的单位体积内能。

对式（4-53）取率，有：

$$\dot{\psi} = \dot{e} - \eta\dot{T} - \dot{\eta}T = \sigma_{ij}\dot{\varepsilon}_{ij} - \eta\dot{T} - \dot{\eta}T - q_{i,i} + Q_u \tag{4-54}$$

联立式（4-52）~式（4-54）消除热源，有：

$$-(\dot{\psi} + \eta\dot{T}) + \sigma_{ij}\dot{\varepsilon}_{ij} - \frac{q_i T_{,i}}{T} \geq 0 \tag{4-55}$$

假设 $\psi \equiv \psi(\varepsilon_{ij},\ T,\ T_{,i})$，可得：

$$\dot{\psi} = \frac{\partial\psi}{\partial\varepsilon_{ij}}\dot{\varepsilon}_{ij} + \frac{\partial\psi}{\partial T}\dot{T} + \frac{\partial\psi}{\partial T_{,i}}\dot{T}_{,i} \tag{4-56}$$

将式（5-55）代入式（5-56），得到：

$$\left(\sigma_{ij} - \frac{\partial\psi}{\partial\varepsilon_{ij}}\right)\dot{\varepsilon}_{ij} - \left(\eta + \frac{\partial\psi}{\partial T}\right)\dot{T} + \frac{\partial\psi}{\partial T_{,i}}\dot{T}_{,i} - \frac{q_i T_{,i}}{T} \geq 0 \tag{4-57}$$

式（4-57）对所有的 $\dot{\varepsilon}_{ij}$、$\dot{T}$ 和 $\dot{T}_{,i}$ 均满足，故有：

$$\sigma_{ij} = \frac{\partial\psi}{\partial\varepsilon_{ij}},\ \eta = -\frac{\partial\psi}{\partial T},\ \frac{\partial\psi}{\partial T_{,i}} = 0 \tag{4-58}$$

从式（4-58）可以看出，砂岩双轴加载过程中的赫姆霍兹自由能与温度梯度值无关。将式（4-58）代入式（4-57），并假设：

$$q_i = -k_{ij}T_{,j} \tag{4-59}$$

式（4-59）为岩石裂纹扩展热效应的热传导傅里叶定律，可以写为：

$$q(x, \ t) = -k'_i \nabla T(x, \ t) \tag{4-60}$$

其中，q 为热流密度矢量，k_{ij} 为热传导张量，导热系数 k'_i 可由下式计算[169]：

$$k'_i = c_T \left(\frac{\Delta V}{\Delta A} \right)_i \left(\frac{\Delta x_i}{\Delta t} \right) \tag{4-61}$$

式中，c_T 为能量耗散量系数。

根据傅里叶定律可以得到热传导方程为：

$$c\rho \frac{\partial T}{\partial t} = \frac{\partial}{\partial x} \left(k'_i \frac{\partial T}{\partial x} \right) + \frac{\partial}{\partial y} \left(k'_i \frac{\partial T}{\partial y} \right) + q(r_s, \ \theta_s) \tag{4-62}$$

式中，c 表示比热容，ρ 表示密度。若 c、ρ 和 k'_i 均为常数，则有：

$$\frac{\partial T}{\partial t} = \frac{k}{c\rho} \left(\frac{\partial^2 T}{\partial x^2} + \frac{\partial^2 T}{\partial y^2} \right) + \frac{q(r_s, \ \theta_s)}{c\rho} \tag{4-63}$$

以 I 型裂纹扩展为例分析塑性区内任一点对塑性区外一点的热传导，图 4-2 为 I 型裂纹塑性区热源对塑性区外点的影响示意图。如图 4-2 所示，O 点为裂纹尖端，水平方向为裂纹尖端的扩展方向，S 为裂纹尖端塑性区内任意一点。解上式，得到塑性区内任意一点 S 在塑性区外任意点 P 处引起的温度变化为：

$$dT_3 = \frac{q(r_s, \ \theta_s)dA}{2k\pi} \exp \left(-\frac{\rho c r_{sp}}{2k} \cos\varphi \right) K_0 \left(\frac{\rho c r_{sp}}{2k} \right) \tag{4-64}$$

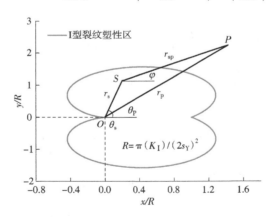

图 4-2　I 型裂纹塑性区热源对塑性区外点的影响示意图

式中，导热系数 $k = 0.2 \text{W}/(\text{m} \cdot \text{K})$，密度 $\rho = 2400 \text{ kg}/\text{m}^3$，比热容 $c = 800 \text{J}/(\text{kg} \cdot \text{K})$。$k_0$ 为第二类修正零阶 Bessel 函数，其表示式为[169]：

$$k_0(z) = \sum_{m=0}^{\infty} \frac{z^{2m}}{2^{2m}(m!)^2} \Big[\sum_{n=1}^{m} \frac{1}{n} - c - \ln\frac{z}{2} \Big] \tag{4-65}$$

如图 4-2 所示，r_s 和 θ_s 为砂岩裂纹尖端塑性区内任一点 S 的极坐标，其计算关系式为：

$$r_{sp} = \sqrt{r_s^2 + r_P^2 - 2r_s r_P \cos(\theta_s - \theta_P)} \tag{4-66}$$

$$r_{sp}\cos\varphi = r_P\cos\theta_P - r_s\cos\theta_s \tag{4-67}$$

对于 I 型裂纹，将式（4-40）、式（4-68）和式（4-69）代入式（4-66）并对砂岩裂纹尖端塑性区范围内积分，可以获得 P 点处的温度下降值，其表达式为：

$$\Delta T_3 = -\frac{3Q(r_m - r)}{4k\pi^2 r_{max}^3} \int_{-\pi}^{\pi} \int_0^{r_m} r_s \left(\frac{r_m - r_s}{r_m^2}\right) \exp\left[-\frac{\rho c}{2k}(r_P \cos\theta_P - r_s \cos\theta_s)\right]$$
$$K_0\left[\frac{\rho c}{2k}\sqrt{r_s^2 + r_P^2 - 2r_s r_P \cos(\theta_s - \theta_P)}\right]\} dr_s d\theta_s \tag{4-68}$$

对于 II 型裂纹，将式（4-48）、式（4-66）和式（4-67）代入式（4-64）并对砂岩裂纹尖端塑性区范围内积分，可以获得 P 点处的温度上升值，其表达式为：

$$\Delta T_3 = \frac{3Q(r_m - r)}{4k\pi^2 r_{max}^3} \int_{-\pi}^{\pi} \int_0^{r_m} r_s \left(\frac{r_m - r_s}{r_m^2}\right) \exp\left[-\frac{\rho c}{2k}(r_P \cos\theta_P - r_s \cos\theta_s)\right]$$
$$K_0\left[\frac{\rho c}{2k}\sqrt{r_s^2 + r_P^2 - 2r_s r_P \cos(\theta_s - \theta_P)}\right]\} dr_s d\theta_s \tag{4-69}$$

I 型裂纹对应加载砂岩内部的微破裂为张拉破坏为主，砂岩表面的红外辐射温度为降温的趋势。II 型裂纹对应加载砂岩内部的微破裂为剪切破坏为主，砂岩表面的红外辐射为升温的趋势。由于砂岩发生张拉破坏时，其内部存在复杂的摩擦生热（升温）和张拉微破裂导致的降温，目前还无法定量表征其内部复杂的温度演化过程。下文的研究均是以 II 型裂纹对应的岩石为例进行数值分析，综合砂岩双轴加载过程中的热弹效应、摩擦热效应和裂纹扩展热效应，可以构建加载砂岩表面红外辐射响应机制模型的数学表达式。则 II 型裂纹对应的加载砂岩表面红外辐射响应机制的数学表达式为：

$$\Delta T = \Delta T_1 + \Delta T_2 + \Delta T_3$$

$$= -\frac{T\alpha}{C_p \rho}\Delta(\sigma_1 + \sigma_2 + \sigma_3) + \frac{\beta(\varepsilon^p)}{J\rho C_p}\int_{\varepsilon_i}^{\varepsilon_{i+1}} E\left(1 - \left(1 - \frac{\sigma_p}{\sigma_c}\right)\frac{C_d}{C_0}\right)\varepsilon\exp\left(\frac{C}{T}\right)d\dot{\varepsilon}^p +$$

$$\frac{3q_{max}(r_m - r)}{4k\pi^2 r_{max}^3}\int_{-\pi}^{\pi}\int_0^{r\frac{1}{2\pi}\left(\frac{K_{II}}{\sigma_s}\right)^2\left[\left(\frac{a(1+2\mu b)}{1+b}-1\right)\sin\frac{\theta}{2}+\frac{\alpha+b+1}{2(1+b)}\sqrt{4-3\sin^2\theta}\right]^2}$$

$$r_s\left\{\frac{r\frac{1}{2\pi}\left(\frac{K_{II}}{\sigma_s}\right)^2\left[\left(\frac{a(1+2\mu b)}{1+b}-1\right)\sin\frac{\theta}{2}+\frac{\alpha+b+1}{2(1+b)}\sqrt{4-3\sin^2\theta}\right]^2 - r_s}{\left\{\frac{1}{2\pi}\left(\frac{K_{II}}{\sigma_s}\right)^2\left[\left(\frac{a(1+2\mu b)}{1+b}-1\right)\sin\frac{\theta}{2}+\frac{\alpha+b+1}{2(1+b)}\sqrt{4-3\sin^2\theta}\right]^2\right\}^2}\right\}$$

$$\exp\left[-\frac{\rho c}{2k}(r_P\cos\theta_P - r_s\cos\theta_s)\right]\sum_{m=0}^{\infty}\frac{z^{2m}}{2^{2m}(m!)^2}\left[\sum_{n=1}^{m}\frac{1}{n} - c - \ln\frac{z}{2}\right]$$

$$\left[\frac{\rho c}{2k}\sqrt{r_s^2 + r_P^2 - 2r_s r_P\cos(\theta_s - \theta_P)}\right]\} dr_s d\theta_s \tag{4-70}$$

4.3　加载砂岩破裂过程中红外辐射的数值分析

4.3.1　参数的确定

本节以 II 型微裂纹扩展热效应为例进行数值分析，为了确定 II 型微裂纹尖端塑性区的具体表达式，需首先确定应力强度因子 K_{II}。本书采用 comsol 中的 J 积分确定砂岩双轴加载裂纹扩展过程中的应力强度因子。砂岩加载过程中的峰值应力、侧向应力、弹性模量、裂纹角度和裂纹长度对应力强度因子值均有影响，建立 50mm×100mm 的砂岩试样模型，在岩样上边界施加轴向边界载荷 σ_1，左右边界施加环向边界载荷 σ_2，岩样下边和左边界约束条件为辊支承。

实验室实验设置侧向应力为 0、10MPa、20MPa 和 30MPa，确定砂岩双轴加载过程中的峰值应力为 50～140MPa，弹性模量为 3～12GPa，依据该范围将峰值应力设置为 50MPa、80MPa、110MPa 和 140MPa。裂纹角度取 0°、22.5°、45° 和 67.5°，裂纹长度则取 1cm、2cm、3cm、4cm 和 5cm，由于应力强度因子随裂纹角度和裂纹长度呈先增加后下降的趋势，为了更清晰地展示应力强度因子的变化规律，对裂纹长度和裂纹角度设置了更为细致的分组。采用 comsol 软件对岩石的双轴加载过程进行数值分析，通过式（4-28）～式（4-32）求解 J 积分，进而确定应力强度因子的值。图 4-3 为应力强度因子值随砂岩双轴加载过程中的侧向应力、峰值应力、裂纹角度和裂纹长度的变化趋势。如图 4-3a、b 所示，应力强度因子随侧向应力和峰值应力的增加分别呈近直线的下降和上升趋势，采用线性函数进行拟合，发现相关系数均为 0.99，其表达式分别为：

$$y = 12.04 - 0.11x \tag{4-71}$$
$$y = 0.098 + 0.112x \tag{4-72}$$

如图 4-3c、d 所示，应力强度因子随裂纹角度和裂纹长度的增加均呈先上升后下降的变化趋势，采用三次函数对上述规律进行拟合，相关系数分别为 0.93 和 0.99，其表达式分别为：

$$y = 8.09 - 0.019x + 0.0063x^2 - 8.66 \times 10^{-5}x^3 \tag{4-73}$$
$$y = 4.54 + 1.49x + 0.93x^2 - 0.16x^3 \tag{4-74}$$

采用拟合式（4-72）～式（4-74）即可获得任一值下峰值应力、侧向应力、裂纹角度和裂纹长度对应的应力强度因子值。除了计算砂岩双轴加载过程中的应力强度因子数值外，还需确定裂纹扩展单位长度时吸收或释放的热量。本书基于红外热像图对该值进行估算，对岩样红外热像图异常高温区域与周边温度的差值范围进行统计，发现不同岩样的温度值差异范围为 0.3～0.5℃，在计算岩石裂纹扩展温度效应影响区域时该值取为 0.4℃，热量的计算公式如下：

$$Q = cm\Delta T \tag{4-75}$$

式中，Q 为裂纹扩展单位长度时吸收或释放的热量，c 为比热容，m 为质量。

砂岩的比热容为 800J/(kg·K)，质量 m 则依据塑性区的面积进行计算，而塑性区面积实际上与应力强度因子密切相关。由图 4-4 可得，不同参数下岩石双轴加载过程中 II 型裂纹的应力强度因子的范围为 5.45～16.04MPa/m²，本节研究应力强度因子 5.00～17.00MPa/m² 范围内的塑性区面积。通过式（4-27）计算 II 型裂纹不同应力强度应力下的塑性区并计算其面积，图 4-4 为塑性区面积随应力强度因子的变化趋势。如图 4-4 所示，砂岩 II 型裂纹尖端塑性区的面积随着应力强度因子增加呈近指数的增加，相关系数达 0.99，塑性区的面积与应力强度因子拟合曲线的表达式为：

$$y = 0.114\exp(0.285x) \tag{4-76}$$

对于任一给定的应力强度因子值，采用该式即可计算出对应的 II 型裂纹尖端塑性区的面积。

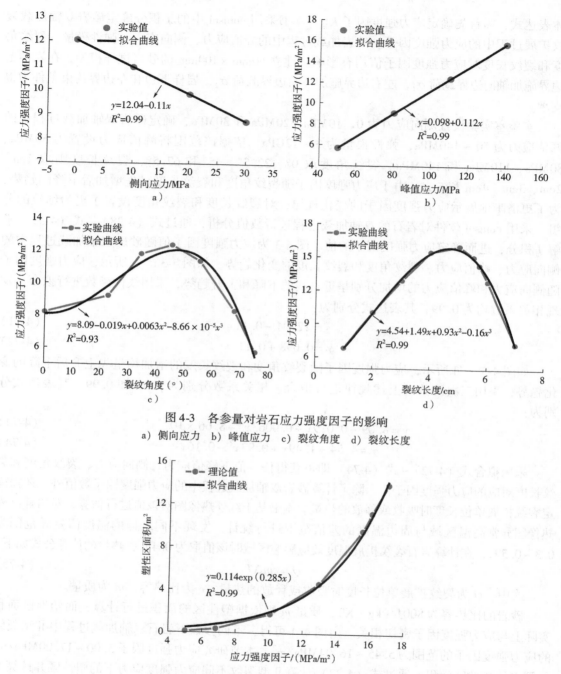

图 4-3   各参量对岩石应力强度因子的影响

a) 侧向应力   b) 峰值应力   c) 裂纹角度   d) 裂纹长度

图 4-4   塑性区面积随应力强度因子的变化趋势

4.3.2   裂纹扩展范围

岩石表面红外辐射与内部微破裂密切相关，孙海[4]发现微裂纹产生及扩展是表面红外辐射发生变化的主要因素之一，也即岩石内部的微破裂会对表面的红外辐射特征产生影响。那么砂岩表面红外辐射受到多深距离的内部影响？砂岩微裂纹塑性区的热量与塑性区的面积大小密切相关，而塑性区的面积大小则受到应力强度因子的影响。因此，裂纹扩展温度效应的影响范围实际上与应力强度因子密切相关。由于砂岩双轴加载过程中的宏观破坏形式几乎以剪切破坏为主，本节以裂纹角度为45°时的Ⅱ型裂纹为例，对不同应力强度因子的微裂纹塑性区热传导特征进行分析。图4-5 为不同应力强度因子裂纹的温度分布云图。如图4-5 所示，随着应力强度因子的增加，裂纹扩展热传导的影响区域不断增大，这一点可以从应力强度因子 $5.00 \sim 8.50 \mathrm{MPa/m^2}$ 和应力强度因子 $15.50 \sim 17.00 \mathrm{MPa/m^2}$ 可以看出。

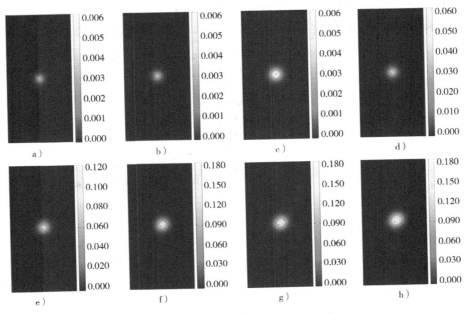

图 4-5　不同应力强度因子裂纹的温度分布云图

a) $5.00 \mathrm{MPa/m^2}$　　b) $6.82 \mathrm{MPa/m^2}$　　c) $8.50 \mathrm{MPa/m^2}$　　d) $10.05 \mathrm{MPa/m^2}$

e) $12.94 \mathrm{MPa/m^2}$　　f) $15.50 \mathrm{MPa/m^2}$　　g) $16.04 \mathrm{MPa/m^2}$　　h) $17.00 \mathrm{MPa/m^2}$

　　裂纹扩展温度效应影响范围的界定有助于更精准地研究砂岩表面红外辐射机制，而温度阈值的确定则是研究裂纹扩展温度效应影响范围的关键步骤。在分析砂岩裂纹扩展温度效应影响范围时仅分析裂纹尖端水平方向，因为本章的分析重点在于砂岩内部微裂纹扩展对表面红外辐射的作用，也即表面红外辐射究竟受到距表面多远位置微裂纹扩展的影响。本书中不同参数下（包括峰值应力、侧向应力、裂纹角度和裂纹长度等）砂岩的应力强度因子对应的温度变化范围为 $293.150 \sim 293.375 ℃$，需要注意的是该温度范围为裂纹尖端水平方向的温度范围。采用"2σ准则"确定裂纹扩展温度效应影响范围的温度阈值。"2σ准则"确定的阈值通常被称为小概率事件，其对应的小概率事件的阈值为 4.55%，将温度变化范围为 $293.150 \sim 293.332 ℃$ 等分成 10000 个区间，则小概率事件的阈值为第 455 个值，也即 $293.160 ℃$，该值也即为岩石裂纹扩展温度效应影响范围的温度阈值。若某一点的温度值大于该值，则表明该点在裂纹扩展温度效应的影响范围之内。

　　图4-6 为不同应力强度因子的裂纹尖端水平方向温度分布曲线，其中裂纹尖端为原点。如图4-6 所示，随着应力强度因子的提高，裂纹尖端处的温度整体呈上升的趋势。不同应力强度因子对应的温度曲线均呈先短暂的上升趋势，之后快速下降，最终温度曲线趋于平稳状

态。应力强度因子对裂纹尖端以及塑性区的温度初始值有影响，温度初始值不同，则裂纹扩展温度效应的影响范围也会有所区别。图 4-7 为砂岩的温度热效应影响区域随应力强度因子的变化趋势。如图 4-7 所示，砂岩裂纹扩展热效应的影响区域与应力强度因子呈近线性正相关关系，相关系数为 0.95。当应力强度因子小于 6.82MPa/m² 时，裂纹扩展热效应对周围区域几乎没有影响，当应力强度因子为 17.00MPa/m² 时，裂纹扩展热效应的影响区域为 0.00981m，也即对于本书实验中采用的 50mm × 50mm × 100mm 尺寸的红砂岩，岩石表面红外辐射受到内部裂纹扩展热效应影响区域最大为 0.00981m。

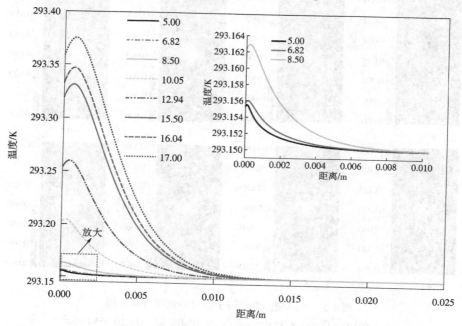

图 4-6　裂纹尖端水平方向温度分布曲线

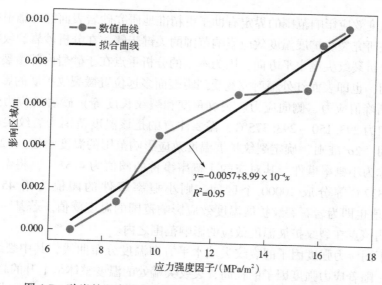

图 4-7　砂岩的温度热效应影响区域随应力强度因子的变化趋势

选取应力强度因子为 15.50MPa/m² 的 45°Ⅱ型裂纹为例,分析砂岩裂纹周围区域温度随距离的演化趋势,截线的起点为裂纹尖端。图 4-8 为 45°Ⅱ型裂纹不同角度截线下温度随距离的演化曲线。如图 4-8 所示,45°Ⅱ型裂纹 0°、45°和 90°截线方向温度随距离的演化曲线呈先上升后下降的变化趋势,温度最大值分别为 293.347K、293.392K 和 293.346K。角度为 135°、180°、225°、270°和 315°截线方向温度随距离的演化曲线大体相同,均呈不断下降的趋势。图 4-9 为不同角度截线下裂纹扩展热效应影响范围。如图 4-9 所示,不同角度方向截线下裂纹扩展热效应影响范围在角度为 45°时取得最大值,达 0.0101m,该角度即为Ⅱ型裂纹扩展的方向;角度为 45°～225°时,裂纹扩展热效应影响范围值随着角度的增加不断减小,在截线方向为 225°时取得最小值,0.0062m;角度为 225°～315°时,裂纹扩展热效应影响范围值随着角度的增加不断增加,在截线方向为 315°时取得最小值,0.0073m。

4.3.3　裂纹区域红外辐射理论曲线

选取岩样 A_4 作为代表性砂岩试样分析其表面的红外辐射理论曲线,以验证本书建立的砂岩加载破裂过程中的红外辐射响应机制数学模型。图 4-10 为岩样 A_4 峰值应力时的红外热像图和可见光照片,如图 4-10 所示,峰值应力时的红外热像图在左下的位置出现了角度约为 45°的红外辐射高温区域,对应在砂岩破坏时的可见光照片上出现了宏观的剪切裂纹。如果选取整个砂岩表面进行理论和数值分析,则可能会导致数值分析结果与实验结果偏差大,因为砂岩破坏时内部微观结构的各向异性、复

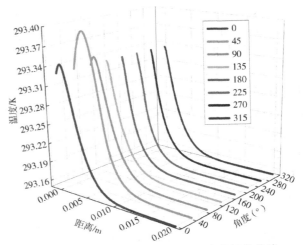

图 4-8　不同角度截线下温度随距离的演化曲线

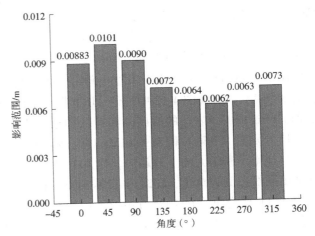

图 4-9　不同角度截线下裂纹扩展热效应影响范围

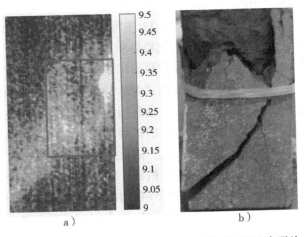

图 4-10　岩样 A_4 峰值应力时的红外热像图和可见光照片
a) 红外热像图　b) 可见光照片

杂性以及微裂纹扩展的随机性。本章截取红外热像图的中右部位区域进行理论和数值分析，如图 4-10a 中的红外框选区域，通过缩小分析区域的方式，以减少因砂岩内部微观结构各向异性对最终结果的影响。

采用式（4-71）对红外框选区域进行有限元数值分析，图 4-11 为岩样 A_4 红色区域的数值模拟和实验应力应变曲线。如图 4-11 所示，数值分析应力应变曲线和实验应力应变曲线几乎一致，这也验证了数值分析的合理性。图 4-12 为岩样 A_4 红色区域加载破裂过程中的理论温度分布特征，图 4-13 为岩样 A_4 红色区域加载破裂过程中的应力、实验 AIRT 和理论 AIRT 的变化趋势。如图 4-12 和图 4-13 所示，在岩样开始加载至 52s，岩样红色框选区域的理论温度分布图几乎没有变化（35s 之

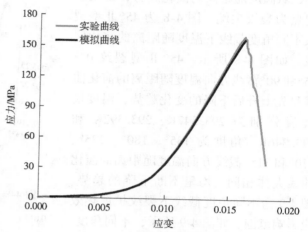

图 4-11　岩样 A_4 的数值模拟和实验应力应变曲线

前的温度分布图和 35s 的相比几乎一样），AIRT 理论值初始值为 8.960℃，52s 时 AIRT 理论值为 8.964℃，对应图 4-12 中理论 AIRT 曲线在 0～52s 几乎保持水平的趋势。在 61～95s 的双轴加载过程中，岩样的温度分布特征图逐渐由暗红色变成亮红色，61s 和 95s 时的 AIRT 理论值分别为 8.966℃ 和 8.998℃，对应砂岩的 AIRT 理论曲线在 61～95s 的加载破裂过程中，呈速率不断增大的上升趋势。在 103～129s 的加载破裂过程中，岩样的温度分布特征图逐渐由亮红色变为黄色，103s 和 129s 时的 AIRT 理论值分别为 9.015℃ 和 9.074℃，对应砂岩的 AIRT 理论曲线在 103～129s 的加载破裂过程中，呈近直线的上升趋势。在 138～140s 的加载破裂过程中，岩样的温度分布特征图逐渐由黄色变为带斑点的黄色，138s 和 140s 时的 AIRT 理论值分别为 9.077℃ 和 9.079℃，对应砂岩的 AIRT 理论曲线在 103～129s 的加载破裂过程中，呈近直线的上升趋势，但是 AIRT 理论曲线上升速率明显低于 138～140s 双轴加载过程。此外，从图 4-13 还可以看出，岩样 A_4 红色框选区域在加载破裂过程中的 AIRT 理论曲线和实验曲线变化趋势和数值几乎一致，这也验证了本章所建立的红外辐射演化模型的合理性，可以解释异常高温区域的 AIRT 曲线的演化机制。需要注意的是，本节基于热弹效应和摩擦热效应的表达式对岩样 A_4 红色框选区域的红外辐射特征进行数值分析时，没有用到裂纹扩展温度效应。这是因为，砂岩表面宏观裂纹的出现和扩展通常在峰值应力后，应力降出现时发生宏观裂纹的扩展。在峰值应力前的岩石双轴加载过程中，由于通常情况下岩石表面不出现宏观微裂纹，因此，可以采用热弹效应和摩擦热效应的红外辐射模型分析研究砂岩表面的红外辐射响应机制。而在分析峰后阶段的裂纹扩展的红外辐射空间分布特征时，则需要依据裂纹扩展的红外辐射模型进行数值分析。

本节假定宏观裂纹从岩样的中间部位开始扩展，当裂纹的长度小于 5cm 时，由于加载砂岩裂纹应力强度因子随裂纹长度的增加呈增加的趋势，因此可以通过设定逐步增大的应力强度因子值，基于裂纹扩展的红外辐射表达式模拟裂纹扩展过程中的温度场。图 4-14 为岩

样 A_4 红色框选区域裂纹扩展过程中的温度场空间分布。如图 4-14 所示，随着裂纹逐渐向右上的方向扩展，裂纹尖端的温度值不断增大，并且裂纹尖端温度场的影响范围不断增大。

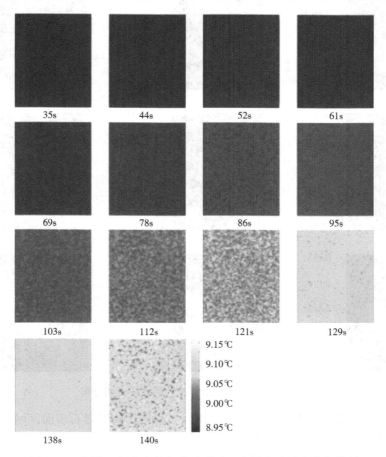

图 4-12　岩样 A_4 红色区域加载破裂过程中的理论温度分布特征

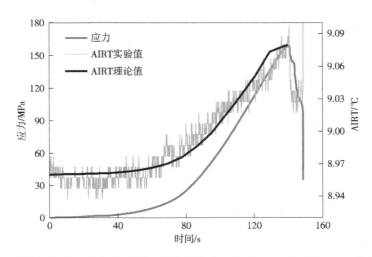

图 4-13　岩样 A_4 红色区域加载破裂过程中的应力、实验 AIRT 和理论 AIRT 的变化趋势

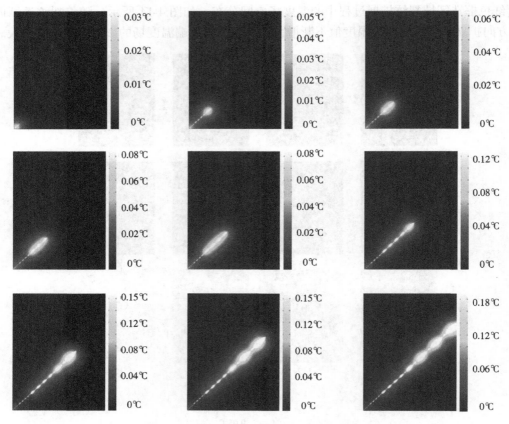

图 4-14　裂纹扩展过程中的温度场空间分布

　　红外辐射反映的是岩石表面温度场一个指标，间接反映了岩石表面区域复杂的物理力学过程。由本章的研究结论，对于尺寸为标准试样的红砂岩，宏观裂纹扩展产生的温度最大影响范围为 0.981mm，也即影响红外辐射变化特征的仅仅为岩石表面不到 1mm 范围内的变形与破裂。本章探讨了砂岩表面红外辐射的产生机制，并初步建立了摩擦热效应和裂纹扩展热效应的红外辐射表达式，结合已有的热弹效应表达式，构建了砂岩加载破裂过程中的红外辐射响应机制数学模型。然而，本章建立的红外辐射响应机制数学模型仅能初步解释岩样局部异常高温区域的红外辐射机制，而对于完整岩样的红外辐射机制还无法阐明。这是因为，本章基于连续介质力学建立了红外辐射演化模型，也即假设岩石材料为均一和各向同性的，该红外辐射演化模型未考虑岩石双轴加载过程中的微观结构演化，以及细观力学特征，仅以宏观实验结果作为模型的输入和评价参数。实际上，地下工程中的岩石即使在宏观实验中表现出一定的均匀性，其微观结构的演化仍然是非均匀性的。因此，本书建立的红外辐射演化模型只是一种近似的理想模型，无法解释岩样破裂破坏过程中红外辐射温度场对微观结构演化的响应机制。此外，本章建立的红外辐射演化模型也没有考虑水对红外辐射响应机制的影响，以及张拉裂纹区域红外辐射响应机制。在采掘工作面现场，通常岩石都是有一定含水率的，以往的研究发现水对岩石红外辐射具有促进作用。然而，水对岩石破裂过程中红外辐射响应机制，以及张拉裂纹与水相互耦合下对岩石破裂和红外辐射的影响机制等还有待于进一步分析研究。所以今后应结合岩石材料细观力学、多尺度连续介质力学、传热学和应变应力张量等，引入新的内变量，研究数理统计后的岩石微观结构特征和微观量的红外辐射温度场概率分布演化特征，深入探讨水、岩石破裂和红外辐射三者之间的深层联系，并推导基于细观损伤力学和概率密度演化方程的加载岩石红外辐射演化模型，以期揭示岩石加载破裂过程中表面红外辐射对内部变形及微破裂的响应机制。

4.4　本章小结

1）基于塑性应变能和变形功转换方程，结合岩石材料颗粒位置错动相关的 Zehnder 模型，定义了等效塑性应变差值，推导了岩石材料发生摩擦热效应时瞬间局部温升。在此基础上，采用经验分析法表征了岩石材料受力过程中应变、温度的响应特征，最终得到了摩擦热效应的表达式。

2）基于统一强度理论确定Ⅰ型和Ⅱ型裂纹的塑性区表达式，依据塑性区位置与裂纹尖端的欧氏距离，定义Ⅰ型和Ⅱ型裂纹塑性区的温度源密度函数。在此基础上，基于热传导的傅里叶定律确定温度场控制方程，建立了砂岩加载破裂过程中裂纹扩展热效应的表达式。

3）依据推导的摩擦热效应和裂纹扩展热效应的表达式，结合已有的热弹效应表达式，构建了砂岩加载破裂过程中红外辐射响应机制数学模型，选取岩样的异常高温区域进行理论和数值分析，数值分析得出的应力应变曲线和红外辐射温度曲线与实验结果一致，表明建立的红外辐射响应机制数学模型可以初步阐明砂岩异常高温区域的红外辐射响应机制。

4）分析了不同力学参数（峰值应力、侧向应力、裂纹角度和裂纹长度）对砂岩应力强度因子的影响，将砂岩的裂纹扩展过程中的热效应等效为应力强度因子不断增加的过程，进而等效为裂纹塑性区面积不断增加的过程，裂纹塑性区面积随应力强度因子的增加呈近指数的增加。

5）砂岩裂纹扩展热效应的影响范围与应力强度因子呈近线性正相关关系，相关系数为 0.95。当应力强度因子小于 6.82MPa/m^2 时，裂纹扩展热效应对周围区域几乎没有影响，当应力强度因子为 17.00MPa/m^2 时，裂纹扩展热效应的影响范围为 0.00981m，也即对于本书实验中采用的 $50\text{mm} \times 50\text{mm} \times 100\text{mm}$ 尺寸的红砂岩，岩石表面红外辐射受到内部裂纹扩展热效应影响范围最大为 0.00981m。

6）今后应结合岩石材料细观力学、多尺度连续介质力学、传热学和应变应力张量等，引入新的内变量，研究数理统计后的岩石微观结构特征和微观量的红外辐射温度场概率分布演化特征，深入探讨水、岩石破裂和红外辐射三者之间的深层联系，并推导基于细观损伤力学和概率密度演化方程的岩石加载破裂过程中红外辐射响应机制演化模型，以期进一步揭示岩石表面红外辐射对内部变形及微破裂的响应机制。

第5章 砂岩加载破裂过程中的红外辐射本构模型

5.1 一维统计损伤本构模型

5.1.1 建立统计损伤模型

根据 Lemaitre[170]提出的等效应变假说，砂岩双轴加载过程中的损伤本构方程为：

$$[\sigma] = [\sigma^*](I - [D]) = [H][\varepsilon](I - [D])$$

(5-1)

式中，$[\sigma]$ 和 $[\sigma^*]$ 为名义应力和有效应力，I 为单位矩阵，$[D]$ 为损伤变量矩阵，$[H]$ 为弹性模量矩阵，$[\varepsilon]$ 为应变矩阵。

砂岩材料内部含有原生孔隙和微裂隙等缺陷，这些缺陷将会对砂岩的破裂破坏过程产生影响，采用 Weibull 分布描述砂岩微元强度的随机分布规律，其表达式为[171-175]：

$$P(\varepsilon) = \frac{m}{F}\left(\frac{\varepsilon}{F}\right)^{m-1}\exp\left[-\left(\frac{\varepsilon}{F}\right)^m\right]$$

(5-2)

式中，m 和 F 均为表征脆性的函数参数，m 为微元强度的分布变量，ε 为随机函数的形状因子。若将损伤变量 D 定义为破坏的微元数 N_f 与微元总数 N 之比，则损伤变量为：

$$D = \frac{N_f}{N} = \frac{N\int_0^\varepsilon \frac{m}{F}\left(\frac{x}{F}\right)^{m-1}\exp\left[-\left(\frac{x}{F}\right)^m\right]\mathrm{d}x}{N} = 1 - \exp\left[-\left(\frac{\varepsilon}{F}\right)^m\right]$$

(5-3)

在砂岩双轴加载实验中，可以通过实验获取名义应力 σ_1、σ_2 和轴向应变 ε_1，名义应力对应的有效应力分别为 σ_1^* 和 σ_2^*。则在侧压作用下，由式（5-1）可得：

$$\varepsilon_1 = \frac{\sigma_1^* - \mu\sigma_2^*}{E}$$

(5-4)

式中，μ 为泊松比。

$$\varepsilon_2 = \frac{\sigma_2^* - \mu\sigma_1^*}{E}$$

(5-5)

$$\sigma_1^* = \frac{\sigma_1}{1 - D}$$

(5-6)

$$\sigma_2^* = \frac{\sigma_2}{1 - D}$$

(5-7)

由式（5-1）和式（5-3）~式（5-6）可得砂岩双轴加载过程中的应力应变关系为：

$$\sigma_1 = E\varepsilon_1\exp\left[-\left(\frac{\varepsilon}{F}\right)^m\right] + \mu\sigma_3$$

(5-8)

$$\sigma_2 = \frac{E\varepsilon_2\exp\left[-\left(\dfrac{\varepsilon}{F}\right)^m\right]}{1-\mu} + \frac{\mu\sigma_1}{1-\mu} \tag{5-9}$$

由广义胡克定律和 Von Mises 屈服准则，式（5-8）和式（5-9）中的应变可分别表示为[176]：

$$\varepsilon = \varepsilon_1 - \frac{(1-\mu)\sigma_2}{E} \tag{5-10}$$

$$\varepsilon = -\frac{\sigma_2}{\mu} + \frac{(1-\mu)\sigma_2}{\mu E_0} \tag{5-11}$$

将式（5-10）和式（5-11）分别带入式（5-8）和式（5-9）可得：

$$\sigma_1 = E\varepsilon_1\exp\left[-\left(\frac{\varepsilon_1}{F} - \frac{(1-\mu)\sigma_2}{EF}\right)^m\right] + \mu\sigma_3 \tag{5-12}$$

$$\sigma_2 = \frac{E\varepsilon_2\exp\left[-\left(-\dfrac{\varepsilon_2}{\mu F} + \dfrac{(1-\mu)\sigma_2}{\mu E_0 F}\right)^m\right]}{1-\mu} + \frac{\mu\sigma_1}{1-\mu} \tag{5-13}$$

5.1.2　红外辐射表征应变

由于砂岩双轴加载过程中微破裂产生的损伤和温度具有一致的统计分布规律[177]，应力导致变形的产生，变形会造成岩石的损伤，应力对岩石红外辐射具有控制效应[12、148、178]，因此本章提出采用红外辐射表征应变。红外辐射的本质为加载砂岩表面的二维温度矩阵，若要采用红外辐射表征应力应变等力学参数，则需要选取合适的红外辐射指标，如若指标选取不恰当，则会导致建立的红外辐射本构模型不具有普遍适用性，无法在工程中应用。目前比较常用的红外辐射指标有 AIRT、红外辐射逐差方差、红外辐射极差、最大红外辐射温度和红外辐射能量等。加载砂岩的 AIRT、最高红外辐射温度和红外辐射极差指标有上升型和下降型，变化趋势与岩石内部的微破裂类型有关，因此不适合作为本构模型中力学参量的表征指标。砂岩双轴加载过程中的红外辐射逐差方差指标的变化趋势整体为直线型，伴随着微破裂的出现会发生多次突变，也不适合作为本构模型中力学参量的表征指标。红外辐射能量由 AIRT 的平方累加而成，其变化趋势均为上升型，AIRT 指标反映了加载砂岩表面的整体红外辐射强度，红外辐射能量则反映砂岩因承载作用而产生的累计红外辐射强度。图 5-1 所示为砂岩双轴加载过程中红外辐射能量随应变的变化趋势。作者采用对数函数、多项式函数和幂函数分别对红外辐射能量和应变的关系进行拟合，发现采用幂函数时相关系数最高，达 0.99，这也间接表明采用红外辐射能量指标表征应变具有可行性。如图 5-1 所示，干燥与饱和砂岩双轴加载过程中的红外辐射能量（IRE）和应变（ε）具有幂函数相关性，岩样 A_1 的 ε 与 IRE 的关系式为：

$$\varepsilon_1 = 0.00875\,\mathrm{IRE}^{0.348} \tag{5-14}$$

岩样 B_2 的 ε 与 IRE 的关系式为：

$$\varepsilon_1 = 0.00343\,\mathrm{IRE}^{0.473} \tag{5-15}$$

岩样 C_2 的 ε 与 IRE 的关系式为：

$$\varepsilon_1 = 0.00787\,\mathrm{IRE}^{0.393} \tag{5-16}$$

岩样 D_2 的 ε 与 IRE 的关系式为：

$$\varepsilon_1 = 0.00337\,\mathrm{IRE}^{0.505} \tag{5-17}$$

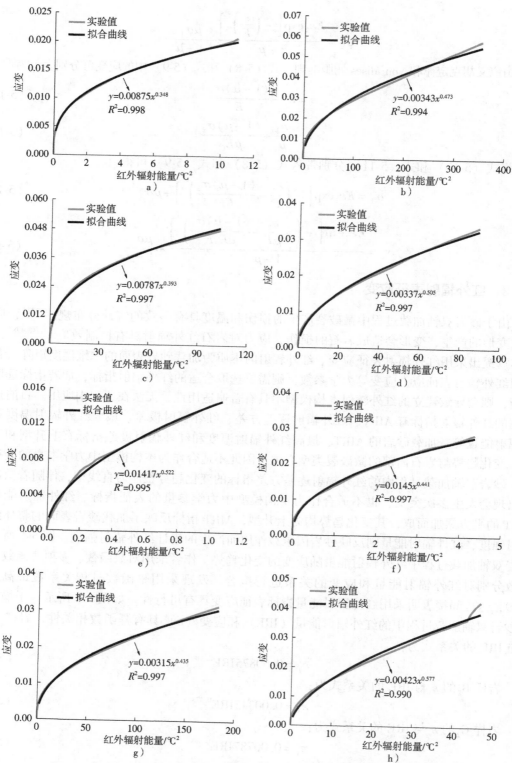

图 5-1 干燥与饱和砂岩双轴加载过程中轴向应变与红外辐射能量变化趋势
a）岩样 A_1 b）岩样 B_2 c）岩样 C_2 d）岩样 D_2 e）岩样 E_2 f）岩样 F_2 g）岩样 G_2 h）岩样 H_1

岩样 E_2 的 ε 与 IRE 的关系式为：

$$\varepsilon_1 = 0.01417\text{IRE}^{0.522} \tag{5-18}$$

岩样 F_2 的 ε 与 IRE 的关系式为：

$$\varepsilon_1 = 0.0145\text{IRE}^{0.441} \tag{5-19}$$

岩样 G_2 的 ε 与 IRE 的关系式为：

$$\varepsilon_1 = 0.00315\text{IRE}^{0.435} \tag{5-20}$$

岩样 H_1 的 ε 与 IRE 的关系式为：

$$\varepsilon_1 = 0.00423\text{IRE}^{0.577} \tag{5-21}$$

综上，干燥和饱水岩石双轴加载过程中 ε 与 IRE 拟合关系均满足幂函数关系式：

$$\varepsilon_1 = a\text{IRE}^b \tag{5-22}$$

式中，a 和 b 均为常数。

将式（5-22）代入式（5-12）即可获得采用红外辐射表征的砂岩加载破裂过程中的一维统计损伤本构模型：

$$\sigma_1 = Ea\text{IRE}^b \exp\left[-\left(\frac{a\text{IRE}^b}{F} - \frac{(1-\mu)\sigma_2}{EF} \right)^m \right] + \mu\sigma_2 \tag{5-23}$$

上述带红外辐射数据接口的砂岩加载破裂过程中本构模型的关键在于模型参数 m 和 F 的确定，本书采用砂岩双轴加载过程中峰值应力点的红外辐射特征确定模型参数。

5.1.3　模型参数确定

砂岩双轴加载峰值应力点对应的应力-红外辐射能量曲线需满足以下两个条件：

①当 $\text{IRE} = \text{IRE}_c$ 时，$\sigma_1 = \sigma_c$；②当 $\text{IRE} = \text{IRE}_c$ 时，$\dfrac{\text{d}\sigma_1}{\text{dIRE}} = 0$。

式中，IRE_c 和 σ_c 为"应力-红外辐射能量"曲线峰值应力点对应的红外辐射能量值和应力值。

依据"应力-红外辐射能量"曲线需要满足的条件①和式（5-12），可得：

$$\exp\left[-\left(\frac{a\text{IRE}^b}{F} - \frac{(1-\mu)\sigma_2}{EF} \right)^m \right] = \frac{\sigma_c - \mu\sigma_2}{E\left(a\text{IRE}^b \right)_c} \tag{5-24}$$

依据全微分法则，对轴向应力进行微分有：

$$\text{d}\sigma_1 = \frac{\partial\sigma_1}{\partial\text{IRE}}\text{dIRE} + \frac{\partial\sigma_1}{\partial\varepsilon_2}\text{d}\varepsilon_2 \tag{5-25}$$

对式（5-12）和式（5-13）分别进行微分可得：

$$\text{d}\sigma_1 = \frac{\partial\sigma_1}{\partial\text{IRE}}\text{dIRE} + \frac{\partial\sigma_1}{\partial\varepsilon}\text{d}\varepsilon + \frac{\partial\sigma_1}{\partial m}\text{d}m + \frac{\partial\sigma_1}{\partial F}\text{d}F + \mu\text{d}\sigma_3 \tag{5-26}$$

$$\text{d}\sigma_2 = \frac{\partial\sigma_2}{\partial\varepsilon_2}\text{d}\varepsilon_2 + \frac{\partial\sigma_2}{\partial\varepsilon}\text{d}\varepsilon + \frac{\partial\sigma_2}{\partial m}\text{d}m + \frac{\partial\sigma_2}{\partial F}\text{d}F + \frac{\mu}{1-\mu}\text{d}\sigma_1 \tag{5-27}$$

由此可得式（5-27）中：

$$\text{d}\varepsilon = \frac{\partial\varepsilon}{\partial\text{IRE}}\text{dIRE} + \frac{\partial\varepsilon}{\partial\sigma_2}\text{d}\sigma_2 \tag{5-28}$$

$$\text{d}\varepsilon = \frac{\partial\varepsilon}{\partial\varepsilon_2}\text{d}\varepsilon_2 + \frac{\partial\varepsilon}{\partial\sigma_2}\text{d}\sigma_2 \tag{5-29}$$

设模型参数 m 和 F 仅为侧向压力的函数,有:

$$dm = \frac{\partial m}{\partial \sigma_2} d\sigma_2 \tag{5-30}$$

$$dF = \frac{\partial F}{\partial \sigma_2} d\sigma_2 \tag{5-31}$$

将式(5-28)~式(5-31)带入式(5-26)和式(5-27)可得:

$$d\sigma_1 - \left(\frac{\partial \sigma_1}{\partial IRE} + \frac{\partial \sigma_1}{\partial \varepsilon} \frac{\partial \varepsilon}{\partial IRE} \right) dIRE - \left(\frac{\partial \sigma_1}{\partial \varepsilon} \frac{\partial \varepsilon}{\partial \sigma_2} + \frac{\partial \sigma_1}{\partial m} \frac{\partial m}{\partial \sigma_2} + \frac{\partial \sigma_1}{\partial F} \frac{\partial F}{\partial \sigma_2} + \mu \right) d\sigma_2 = 0 \tag{5-32}$$

$$\frac{\mu}{1-\mu} d\sigma_1 + \left(\frac{\partial \sigma_2}{\partial \varepsilon_2} + \frac{\partial \sigma_2}{\partial \varepsilon} \frac{\partial \varepsilon}{\partial \varepsilon_2} \right) d\varepsilon_3 + \left(\frac{\partial \sigma_2}{\partial \varepsilon} \frac{\partial \varepsilon}{\partial \sigma_2} + \frac{\partial \sigma_2}{\partial m} \frac{\partial m}{\partial \sigma_2} + \frac{\partial \sigma_2}{\partial F} \frac{\partial F}{\partial \sigma_2} - 1 \right) d\sigma_2 = 0 \tag{5-33}$$

联立式(5-32)和式(5-33),消除 $d\sigma_2$ 可得:

$$\frac{d\sigma_1}{dIRE} = \frac{(1-\mu)\left(\frac{\partial \sigma_2}{\partial \varepsilon} \frac{\partial \varepsilon}{\partial \sigma_2} + \frac{\partial \sigma_2}{\partial m} \frac{\partial m}{\partial \sigma_2} + \frac{\partial \sigma_2}{\partial F} \frac{\partial F}{\partial \sigma_2} - 1 \right)\left(\frac{\partial \sigma_1}{\partial IRE} + \frac{\partial \sigma_1}{\partial \varepsilon} \frac{\partial \varepsilon}{\partial IRE} \right)}{(1-\mu)\left(\frac{\partial \sigma_2}{\partial \varepsilon} \frac{\partial \varepsilon}{\partial \sigma_2} + \frac{\partial \sigma_2}{\partial m} \frac{\partial m}{\partial \sigma_2} + \frac{\partial \sigma_2}{\partial F} \frac{\partial F}{\partial \sigma_2} - 1 \right) - \mu\left(\frac{\partial \sigma_1}{\partial \varepsilon} \frac{\partial \varepsilon}{\partial \sigma_2} + \frac{\partial \sigma_1}{\partial m} \frac{\partial m}{\partial \sigma_2} + \frac{\partial \sigma_1}{\partial F} \frac{\partial F}{\partial \sigma_2} + \mu \right)}$$

$$\tag{5-34}$$

根据"应力-红外辐射能量"曲线需满足的条件②可得:

$$E \exp\left\{ -\left[\frac{a IRE_c^b}{F} - \frac{(1-\mu)\sigma_2}{EF} \right]^m \right\} - Ea IRE_c^b \exp\left\{ -\left[\frac{a IRE_c^b}{F} - \frac{(1-\mu)\sigma_2}{EF} \right]^m \right\}$$

$$\left[\frac{a IRE_c^b}{F} - \frac{(1-\mu)\sigma_2}{EF} \right]^m \frac{Em}{Ea IRE_c^b - (1-\mu)\sigma_2} = 0 \tag{5-35}$$

对式(5-35)求解可得:

$$F = \left[\frac{a IRE_c^b - (1-\mu)\sigma_2}{E} \right] \left[\frac{ma IRE_c^b}{a IRE_c^b - (1-\mu)\sigma_2/E} \right]^{1/m} \tag{5-36}$$

由式(5-24)和式(5-36)可得:

$$m = \frac{a IRE_c^b - (1-\mu)\sigma_2/E}{a IRE_c^b \ln \dfrac{Ea IRE_c^b}{\sigma_c - 2\sigma_2}} \tag{5-37}$$

式(5-36)和式(5-37)即为威布尔分布模型参数的计算方法。将式(5-36)和式(5-37)带入式(5-3)即可获得岩石双轴加载过程中的损伤值:

$$D = 1 - \exp\left\{ \left[\frac{a IRE^b - (1-\mu)\sigma_2/E}{a IRE_c^b - (1-\mu)\sigma_2/E} \right]^m \ln \frac{\sigma_c - \mu\sigma_2}{Ea IRE_c^b} \right\} \tag{5-38}$$

将式(5-38)与式(5-12)联立可得:

$$\sigma_1 = Ea IRE^b \exp\left\{ \left[\frac{a IRE^b - (1-\mu)\sigma_2/E}{a IRE_c^b - (1-\mu)\sigma_2/E} \right]^m \ln \frac{\sigma_c - \mu\sigma_2}{Ea IRE_c^b} \right\} + \mu\sigma_2 \tag{5-39}$$

5.1.4 考虑压密阶段的本构模型

对于砂岩的双轴加载实验,加载初始阶段往往出现应力应变曲线明显的压密阶段,并且饱水会增大砂岩应力应变曲线压密阶段的比例。本书采用"轴向应力法"确定干燥与饱水砂岩双轴加载过程中的压密阶段,由于压密阶段和线弹性阶段斜率不同,将线弹性阶段与应力应变曲线的分叉点定义为压密阶段的终点，该点对应的应力值为压密应力[179]。传统的统计损伤本构模型，由于没有考虑压密阶段，进而导致在压密阶段就产生较大偏差，压密阶段本构关系为[180]：

$$\sigma = \sigma_A \left(\varepsilon / \varepsilon_A \right)^2 \tag{5-40}$$

式中，σ 和 ε 为应力和应变，σ_A 和 ε_A 为压密阶段结束时的应力和应变。

将式（5-40）代入式（5-39）可得考虑压密阶段的基于红外辐射的砂岩一维损伤本构模型：

$$\sigma_1 = \begin{cases} \sigma_A \left(\dfrac{a\mathrm{IRE}^b}{a\mathrm{IRE}_A^b} \right)^2 \ (\mathrm{IRE} \leqslant \mathrm{IRE}_A) \\ \sigma_A + \left(a\mathrm{IRE}^b - a\mathrm{IRE}_A^b \right) \exp \left\{ \left[\dfrac{\left(a\mathrm{IRE}^b - a\mathrm{IRE}_A^b \right) - \left(1 - \mu \right)\sigma_2 / E}{a\mathrm{IRE}_c^b - \left(1 - \mu \right)\sigma_2 / E} \right]^m \\ \ln \dfrac{\sigma_c - \mu\sigma_2}{Ea\mathrm{IRE}_c^b} \right\} + \mu\sigma_2 \ (\mathrm{IRE} > \mathrm{IRE}_A) \end{cases} \tag{5-41}$$

式（5-41）即为带红外辐射数据接口的砂岩一维损伤本构模型，该模型考虑了轴向变形和侧压两个影响因素，采用该式即可获得砂岩双轴加载过程中应力的理论值。图 5-2 为干燥与饱水砂岩双轴加载过程中的实验曲线与模型曲线。如图 5-2 所示，干燥和饱水砂岩双轴加载过程中的理论应力和实验应力值具有较好的一致性。干燥岩样 A_1、B_2、C_2 和 D_2 的模型曲线与实验曲线的相关系数分别为 0.95、0.97、0.97 和 0.98，饱水岩样 E_2、F_2、G_2 和 H_1 的模型曲线与实验曲线的相关系数分别为 0.95、0.97、0.97 和 0.98。若详细分析一维损伤模型应力的变化趋势，岩样 A_1、B_2、E_2、F_2 和 H_1 在弹性阶段时理论应力高于实验应力，而在临近岩石峰值应力时两者趋于一致。岩样 D_2 和 G_2 在弹性阶段时理论应力与实验应力曲线的趋势几乎一致，而在临近峰值应力时理论应力开始偏离实验应力，且随着应变的增加偏离值不断增大，峰值应力时两者相差最大。岩样 C_2 在弹性阶段时理论应力高于实验应力，而在临近峰值时理论应力低于实验应力，峰值应力时两者近乎相等。

本书选用的红砂岩试样为硬质脆性岩石，硬质脆性岩石双轴加载过程中的应力应变曲线通常表现为压密阶段呈下凹的趋势，之后呈近直线上升至峰值应力，之后岩石发生破坏，多数岩样的应力应变曲线呈脆性断裂。本章采用红外辐射能量去表征轴向应变，进而构建了带红外辐射数据接口的一维损伤模型，尽管做出的模型曲线与实验曲线拟合度较高，达 0.95以上，但是模型曲线在压密阶段之后仍然与实验模型具有一定的误差。这是因为，采用一维统计损伤模型做出的理论曲线在临近岩石峰值应力时会出现硬化现象，也即明显的塑性特征，而实验曲线往往没有出现明显的塑性阶段。本书是依据威布尔分布建立了基于红外辐射的宏观唯象的砂岩连续介质损伤模型。宏观唯象模型假设损伤引起岩石材料刚度的劣化，而变形是完全弹性的，以此建立的忽略塑性变形的一维统计损伤本构模型将会掩盖砂岩材料加载破裂过程中的真实的损伤行为[181]。岩石材料破坏的实质是细观局部拉应变引起的微裂纹的萌生、扩展和成核的连续损伤演化的过程，所表现出来的应力应变本构关系是细观各组分非均质力学性能的宏观表现。与此同时，硬脆性岩石材料的加载破裂过程不是均匀损伤演化的过程。现代非线性固体破坏理论认为[181]，岩石损伤演化分为整体稳定损伤和演化累计引起灾变两个阶段，后者与岩石的断裂现象有关。当损伤处于一个较小值时（微裂纹密度处于较小的程度），岩石材料处于局部破坏状态。因此，如要更好地表征岩石双轴加载过程中

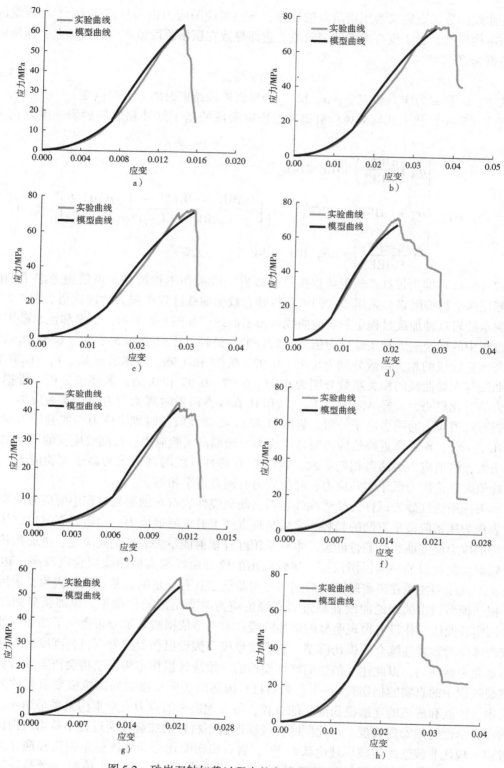

图 5-2 砂岩双轴加载过程中的实验曲线和模型曲线

a）岩样 A_1 b）岩样 B_2 c）岩样 C_2 d）岩样 D_2 e）岩样 E_2 f）岩样 F_2 g）岩样 G_2 h）岩样 H_1

的损伤，还需建立带红外辐射数据接口的三维塑性损伤模型，以期弥补宏观唯象红外辐射模型在表征硬质脆性岩石材料本构时的不足。

5.2　三维塑性损伤本构模型

5.2.1　本构关系

基于不可逆热力学原理，砂岩材料损伤塑性本构模型可统一为以下方程[182]：

$$\boldsymbol{\sigma} = (\boldsymbol{I} - \boldsymbol{D}) : \overline{\boldsymbol{\sigma}} = (\boldsymbol{I} - \boldsymbol{D}) : \boldsymbol{C}_0 : (\boldsymbol{\varepsilon} - \boldsymbol{\varepsilon}^{\mathrm{p}}) \tag{5-42}$$

式中，$\boldsymbol{\sigma}$ 为二阶应力张量；$\boldsymbol{D}$ 为四阶损伤张量；$\boldsymbol{I}$ 为四阶恒等式张量；$\overline{\boldsymbol{\sigma}}$ 为二阶有效应力张量，其表达式为：

$$\overline{\boldsymbol{\sigma}} = \boldsymbol{C}_0 : \boldsymbol{\varepsilon}^{\mathrm{e}} = \boldsymbol{C}_0 : (\boldsymbol{\varepsilon} - \boldsymbol{\varepsilon}^{\mathrm{p}}) \tag{5-43}$$

或同等地：

$$\boldsymbol{\varepsilon}^{\mathrm{e}} = \boldsymbol{\Lambda}_0 : \overline{\boldsymbol{\sigma}} \tag{5-44}$$

式中，$\boldsymbol{C}_0$ 和 $\boldsymbol{\Lambda}_0 = \boldsymbol{C}_0^{-1}$ 表示初始四阶各向同性线弹性刚度和柔度张量，$\boldsymbol{\varepsilon}$、$\boldsymbol{\varepsilon}^{\mathrm{e}}$ 和 $\boldsymbol{\varepsilon}^{\mathrm{p}}$ 是二阶张量，分别表示总应变张量及其弹性和塑性张量分量。

为了说明准脆性材料在拉伸和压缩下的不同非线性性能，四阶损伤张量可分解为正（拉伸）部分和负（压缩）部分[183]：

$$\boldsymbol{D} = d^+ \boldsymbol{P}^+ + d^- \boldsymbol{P}^- \tag{5-45}$$

其中，$\boldsymbol{P}^+$ 和 $\boldsymbol{P}^-$ 是对应的线性投影张量，可表示为[184]：

$$\begin{cases} \boldsymbol{P}^+ = \sum_{i=1}^{3} \langle \overline{\sigma}_i \rangle \, \boldsymbol{n}_i \otimes \boldsymbol{n}_i \otimes \boldsymbol{n}_i \otimes \boldsymbol{n}_i \\ \boldsymbol{P}^- = \boldsymbol{I} - \boldsymbol{P}^+ \end{cases} \tag{5-46}$$

式中，$\overline{\sigma}_i$ 表示有效应力张量 $\overline{\boldsymbol{\sigma}}$ 的第 i 个特征值；$\boldsymbol{n}_i$ 为对应于第 i 个归一化特征向量；"$\otimes$" 表示张量积的符号；$\langle x \rangle = (|x| + x)/2$ 表示麦考利括号功能。

此外，通过将式（5-45）代入式（5-42），本构方程可改写为以下分解模式：

$$\boldsymbol{\sigma} = (1 - d^+) \overline{\boldsymbol{\sigma}}^+ + (1 - d^-) \overline{\boldsymbol{\sigma}}^- \tag{5-47}$$

其中，正有效应力张量和负有效应力张量采用以下形式：

$$\begin{cases} \overline{\boldsymbol{\sigma}}^+ = \boldsymbol{P}^+ : \overline{\boldsymbol{\sigma}} \\ \overline{\boldsymbol{\sigma}}^- = \overline{\boldsymbol{\sigma}} - \overline{\boldsymbol{\sigma}}^+ = \boldsymbol{P}^- : \overline{\boldsymbol{\sigma}} \end{cases} \tag{5-48}$$

5.2.2　塑性模型

为了获得当前状态下的应力，应求解与塑性应变共轭的损伤变量和有效应力。本书采用非耦合损伤塑性模型，用有效应力表示塑性模型，建立了不可逆塑性应变的演化规律[185]：

$$\dot{\boldsymbol{\varepsilon}}^{\mathrm{p}} = \dot{\lambda}^{\mathrm{p}} \partial_{\overline{\boldsymbol{\sigma}}} F^{\mathrm{p}} (\overline{\boldsymbol{\sigma}}, \; \kappa^{\mathrm{p}}) \tag{5-49}$$

$$\dot{\kappa}^{\mathrm{p}} = \dot{\lambda}^{\mathrm{p}} H^{\mathrm{p}} (\overline{\boldsymbol{\sigma}}, \; \kappa^{\mathrm{p}}) \tag{5-50}$$

$$F(\overline{\boldsymbol{\sigma}}, \; \kappa^{\mathrm{p}}) \leqslant 0, \; \dot{\lambda}^{\mathrm{p}} \geqslant 0, \; \dot{\lambda}^{\mathrm{p}} F(\overline{\boldsymbol{\sigma}}, \; \kappa^{\mathrm{p}}) \leqslant 0 \tag{5-51}$$

式中，叠加点表示时间导数，$F(\overline{\boldsymbol{\sigma}}, \kappa^p)$ 和 $F^p(\overline{\boldsymbol{\sigma}}, \kappa^p)$ 为塑性屈服函数和塑性势；$\dot{\lambda}^p$ 为塑性流动乘数；$H^p(\overline{\boldsymbol{\sigma}}, \kappa^p)$ 表示硬化函数；κ^p 为塑性硬化变量；$\partial_x y = \partial y / \partial x$ 算子是偏微分算子。

根据经典塑性力学中的标准程序[186]，塑性流动倍增器的求解方法如下：

$$\dot{\lambda}^p = \frac{\partial_{\overline{\sigma}} F : \boldsymbol{C}_0 : \dot{\boldsymbol{\varepsilon}}}{\partial_{\overline{\sigma}} F : \boldsymbol{C}_0 : \partial_{\overline{\sigma}} F^p - \partial_{\kappa^p} F H^p} \tag{5-52}$$

然后，在速率形式下，将式（5-52）代入式（5-43）和式（5-49），可获得有效应力和应变张量之间的关系：

$$\overline{\boldsymbol{\sigma}} = \boldsymbol{C}^{ep} : \dot{\boldsymbol{\varepsilon}} \tag{5-53}$$

式中，$\boldsymbol{C}^{ep}$ 是连续有效弹塑性切线张量，其表达式为[185]：

$$\boldsymbol{C}^{ep} = \begin{cases} \boldsymbol{C}_0 & \dot{\lambda}^p = 0 \\ \boldsymbol{C}_0 - \dfrac{(\boldsymbol{C}_0 : \partial_{\overline{\sigma}} F^p) \otimes (\boldsymbol{C}_0 : \partial_{\overline{\sigma}} F)}{\partial_{\overline{\sigma}} F : \boldsymbol{C}_0 : \partial_{\overline{\sigma}} F^p - \partial_{\kappa^p} F H^p} & \dot{\lambda}^p > 0 \end{cases} \tag{5-54}$$

一旦确定了屈服函数、塑性势函数和硬化函数的具体形式，就可以求解上述方程。

5.2.3 塑性屈服函数

依据第 4 章红外辐射机制的研究内容，砂岩双轴加载过程中红外辐射的产生机制为热弹效应和摩擦热效应，其中热弹效应与岩石的弹性变形密切相关。有效应力驱动了砂岩双轴加载过程中的变形，是构建塑性损伤模型最重要的参量之一。硬质脆性红砂岩的应力应变曲线在弹性阶段之后并没有像软岩那样出现明显的塑性阶段，其峰值应力前的变形仍然以弹性变形为主，也即红外辐射和有效应力均与红砂岩双轴加载过程中的弹性变形密切相关。因此可以建立有效应力与红外辐射之间的关系式。图 5-3 为干燥和饱水岩石双轴加载过程中有效应力随红外辐射能量（IRE）的变化趋势。作者分别采用线性拟合、多项式拟合和幂函数对两者进行拟合，发现采用幂函数拟合时相关系数最高，均不低于 0.98。也即砂岩双轴加载过程中红外辐射能量和有效应力具有幂函数关系，其具体表达式如下：

$$\overline{\sigma}_1 = c \mathrm{IRE}^d \tag{5-55}$$

式中，c 和 d 为幂函数表达式的系数，可通过对应力与红外辐射曲线进行幂函数拟合获取。

采用红外辐射表征有效应力张量第一不变量和有效应力偏张量第二不变量，具体表达式为：

$$\overline{I}_1 = \overline{\boldsymbol{\sigma}} : \boldsymbol{\delta} = \overline{\sigma}_1 + \overline{\sigma}_2 + \overline{\sigma}_3 = c \mathrm{IRE}^d + \overline{\sigma}_2 \tag{5-56}$$

$$\overline{J}_2 = \frac{1}{2} \overline{\boldsymbol{s}} : \overline{\boldsymbol{s}} = \frac{1}{2} \overline{s}_{ij} \overline{s}_{ji} = \sqrt{\frac{1}{6} \left[(c \mathrm{IRE}^d - \overline{\sigma}_2)^2 + (c \mathrm{IRE}^d)^2 + \overline{\sigma}_2{}^2 \right]} \tag{5-57}$$

有效体积应力 $\overline{\sigma}_V$、有效偏应力 $\overline{\rho}$ 和有效洛德角 $\overline{\theta}$ 是有效应力张量的三个不变量，其表达式分别为：

$$\overline{\sigma}_V = \frac{\overline{I}_1}{3} = \frac{c \mathrm{IRE}^d + \overline{\sigma}_2}{3} \tag{5-58}$$

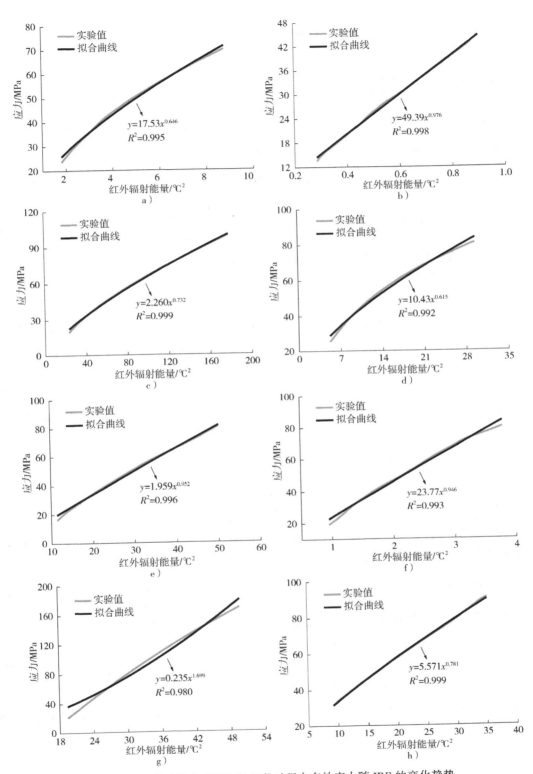

图 5-3　干燥和饱水岩石双轴加载过程中有效应力随 IRE 的变化趋势

a）岩样 A_1　b）岩样 B_2　c）岩样 C_2　d）岩样 D_2　e）岩样 E_2　f）岩样 F_2　g）岩样 G_2　h）岩样 H_1

$$\bar{\rho} = \sqrt{2\bar{J}_2} = \left\{ \frac{2}{3} \left[(c\mathrm{IRE}^d - \bar{\sigma}_2)^2 + (c\mathrm{IRE}^d)^2 + \bar{\sigma}_2{}^2 \right] \right\}^{\frac{1}{4}} \tag{5-59}$$

$$\bar{\theta} = \frac{1}{3}\arccos\left(\frac{3\sqrt{3}}{2} \frac{\bar{J}_3}{\bar{J}_2^{3/2}} \right) = \frac{1}{3}\arccos\left(\frac{3\sqrt{3}\bar{J}_3}{2\left\{ \frac{1}{6}\left[(c\mathrm{IRE}^d - \bar{\sigma}_2)^2 + (c\mathrm{IRE}^d)^2 + \bar{\sigma}_2{}^2 \right] \right\}^{\frac{3}{4}}} \right) \tag{5-60}$$

塑性屈服函数 $F(\bar{\boldsymbol{\sigma}}, \kappa^p)$ 采用主有效应力空间中的柱坐标表示[187]，将式（5-58）~ 式（5-60)代入即可获得采用红外辐射表征的塑性屈服函数表达式：

$$F(\bar{\boldsymbol{\sigma}}, \kappa^p) = F(\mathrm{IRE}; \kappa^p) = \left\{ [1 - q_h(\kappa^p)]\left(\frac{\bar{\rho}(\mathrm{IRE})}{\sqrt{6}f_{cu}} + \frac{\bar{\sigma}_v(\mathrm{IRE})}{f_{cu}} \right) + \sqrt{\frac{3}{2}}\frac{\bar{\rho}(\mathrm{IRE})}{f_{cu}} \right\}^2 +$$
$$m_0 q_h^2(\kappa^p)\left\{ \frac{\bar{\rho}(\mathrm{IRE})}{\sqrt{6}f_{cu}}r[\bar{\theta}(\mathrm{IRE}), e] + \frac{\bar{\sigma}_v(\mathrm{IRE})}{f_{cu}} \right\} - q_h^2(\kappa^p) \tag{5-61}$$

式中，有效应力偏张量第三不变量的表达式为：

$$\bar{J}_3 = \frac{1}{3}\bar{\boldsymbol{s}}^3 : \boldsymbol{\delta} = \frac{1}{3}\bar{s}_{ij}\bar{s}_{jk}\bar{s}_{ki}$$

$$= \frac{1}{3}\left[\bar{s}_{11}^3 + \bar{s}_{22}^3 + \bar{s}_{33}^3 + 3\bar{s}_{11}\bar{s}_{12}^2 + 3\bar{s}_{11}\bar{s}_{23}^2 + 3\bar{s}_{22}\bar{s}_{12}^2 + 3\bar{s}_{22}\bar{s}_{13}^2 + 3\bar{s}_{33}\bar{s}_{13}^2 + 3\bar{s}_{33}\bar{s}_{23}^2 + 6\bar{s}_{12}\bar{s}_{13}\bar{s}_{23} \right] \tag{5-62}$$

参数 f_{cu} 表示岩石的单轴抗压强度，m_0 是控制子午线形状的摩擦参数，确定为：

$$m_0 = 3\frac{f_{cu}^2 - f_{tu}^2}{f_{cu}f_{tu}}\frac{e}{e+1} \tag{5-63}$$

式中，f_{tu} 表示岩石的单轴抗拉强度。控制偏差截面形状的偏心率 e 参数如下所示[188]：

$$e = \frac{1+\delta}{2-\delta} \tag{5-64}$$

$$\delta = \frac{f_{tu}}{f_b}\frac{f_b^2 - f_{cu}^2}{f_{cu}^2 - f_{tu}^2} \tag{5-65}$$

式中，f_b 为双轴抗压强度，其值估计为 $f_b = 1.16f_{cu}$。

偏差平面中屈服函数的形状由偏差形状函数控制[189]，将式（5-60）代入即可获得采用红外辐射表征的偏差形状函数：

$$r(\mathrm{IRE}, e) = \frac{4(1-e^2)\cos^2\bar{\theta}(\mathrm{IRE}) + (2e-1)^2}{2(1-e^2)\cos\bar{\theta}(\mathrm{IRE}) + (2e-1)\sqrt{4(1-e^2)\cos^2\bar{\theta}(\mathrm{IRE}) + 5e^2 - 4e}} \tag{5-66}$$

塑性硬化变量 κ^p 中的类应力内部硬化变量 q_h（图5-4）确定为[187]：

$$q_h(\kappa^p) = \begin{cases} f_{cy}/f_{cu} + (1 - f_{cy}/f_{cu})\kappa^p[(\kappa^p)^2 - 3\kappa^p + 3] & \kappa^p < 1 \\ 1 & \kappa^p \geq 1 \end{cases} \tag{5-67}$$

式中，f_{cy} 为压缩条件下的弹性极限应力。

因此，在确定基于红外辐射的塑性屈服函数的形式后，可以推导出塑性屈服函数 $F(\bar{\boldsymbol{\sigma}}, \kappa^p)$ 相对于红外辐射能量 IRE 和塑性硬化变量 κ^p 的梯度，$F(\bar{\boldsymbol{\sigma}}, \kappa^p)$ 对红外辐射能量推导如下：

$$\frac{\partial F}{\partial \mathrm{IRE}} = \frac{\partial F}{\partial \bar{\sigma}_v}\frac{\partial \bar{\sigma}_v}{\partial \bar{\boldsymbol{\sigma}}}\frac{\partial \bar{\boldsymbol{\sigma}}}{\partial \mathrm{IRE}} + \frac{\partial F}{\partial \bar{\rho}}\frac{\partial \bar{\rho}}{\partial \bar{\boldsymbol{\sigma}}}\frac{\partial \bar{\boldsymbol{\sigma}}}{\partial \mathrm{IRE}} + \frac{\partial F}{\partial \bar{\theta}}\frac{\partial \bar{\theta}}{\partial \bar{\boldsymbol{\sigma}}}\frac{\partial \bar{\boldsymbol{\sigma}}}{\partial \mathrm{IRE}} \tag{5-68}$$

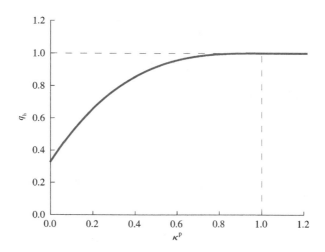

图 5-4　内部硬化变量和塑性硬化变量的关系

式中:

$$\frac{\partial F}{\partial \overline{\sigma}_V} = \frac{4}{f_{cu}}\left[1 - q_h(\kappa^P)\right]\left(\frac{\overline{\rho}}{\sqrt{6}f_{cu}} + \frac{\overline{\sigma}_V}{f_{cu}}\right)\left\{\left[1 - q_h(\kappa^P)\right]\left(\frac{\overline{\rho}}{\sqrt{6}f_{cu}} + \frac{\overline{\sigma}_V}{f_{cu}}\right)^2 + \sqrt{\frac{3}{2}}\frac{\overline{\rho}}{f_{cu}}\right\} + \frac{m_0 q_h^2(\kappa^P)}{f_{cu}}$$

$$(5\text{-}69)$$

$$\frac{\partial F}{\partial \overline{\rho}} = \frac{1}{\sqrt{6}f_{cu}}\left\{\left[1 - q_h(\kappa^P)\right]\left(\frac{\overline{\rho}}{\sqrt{6}f_{cu}} + \frac{\overline{\sigma}_V}{f_{cu}}\right)^2 + \sqrt{\frac{3}{2}}\frac{\overline{\rho}}{f_{cu}}\right\}\left\{4\left[1 - q_h(\kappa^P)\right]\left(\frac{\overline{\rho}}{\sqrt{6}f_{cu}} + \frac{\overline{\sigma}_V}{f_{cu}}\right) + 6\right\} + \frac{m_0 q_h^2(\kappa^P)}{\sqrt{6}f_{cu}}r(\overline{\theta}, e)$$

$$(5\text{-}70)$$

$$\frac{\partial F}{\partial \overline{\theta}} = \frac{\overline{\rho} m_0 q_h^2(\kappa^P)}{\sqrt{6}f_{cu}}\left\{\frac{-8(1 - e^2)\cos\overline{\theta}\sin\overline{\theta}\left[2(1 - e^2)\cos\overline{\theta} + (2e - 1)\sqrt{4(1 - e^2)\cos^2\overline{\theta} + 5e^2 - 4e}\right] -}{\left[2(1 - e^2)\cos\overline{\theta} + (2e - 1)\sqrt{4(1 - e^2)\cos^2\overline{\theta} + 5e^2 - 4e}\right]^2}\right.$$

$$\left.\frac{\left[4(1 - e^2)\cos^2\overline{\theta} + (2e - 1)^2\right]\left\{-2(1 - e^2)\sin\overline{\theta} - 4(2e - 1)(1 - e^2)\cos\overline{\theta}\sin\overline{\theta}\left[4(1 - e^2)\cos^2\overline{\theta} + 5e^2 - 4e\right]^{-1/2}\right\}}{\left[2(1 - e^2)\cos\overline{\theta} + (2e - 1)\sqrt{4(1 - e^2)\cos^2\overline{\theta} + 5e^2 - 4e}\right]^2}\right\}$$

$$(5\text{-}71)$$

$$\frac{\partial \overline{\sigma}_V}{\partial \overline{\boldsymbol{\sigma}}} = \frac{1}{3}\frac{\partial \overline{I}_1}{\partial \overline{\boldsymbol{\sigma}}} = \frac{1}{3}\boldsymbol{\delta} \tag{5-72}$$

$$\frac{\partial \overline{\rho}}{\partial \overline{\boldsymbol{\sigma}}} = \frac{\partial \overline{\rho}}{\partial \overline{J}_2}\frac{\partial \overline{J}_2}{\partial \overline{\boldsymbol{\sigma}}} = \frac{1}{\overline{\rho}}\overline{s} \tag{5-73}$$

$$\frac{\partial \overline{\theta}}{\partial \overline{\boldsymbol{\sigma}}} = \frac{\partial \overline{\theta}}{\partial \overline{J}_2}\frac{\partial \overline{J}_2}{\partial \overline{\boldsymbol{\sigma}}} + \frac{\partial \overline{\theta}}{\partial \overline{J}_3}\frac{\partial \overline{J}_3}{\partial \overline{\boldsymbol{\sigma}}} = \frac{\cot 3\overline{\theta}}{2\overline{J}_2}\overline{s} - \frac{\cot 3\overline{\theta}}{3\overline{J}_3}\left(\overline{s}\,\overline{s} - \frac{2}{3}\overline{J}_2\boldsymbol{\delta}\right) \tag{5-74}$$

$$\frac{\partial \overline{\theta}}{\partial \overline{J}_2} = \frac{3\sqrt{3}}{4\sin(3\overline{\theta})}\frac{\overline{J}_3}{\sqrt{\overline{J}_2^5}} = \frac{\cot 3\overline{\theta}}{2\overline{J}_2} \tag{5-75}$$

$$\frac{\partial \overline{\theta}}{\partial \overline{J}_3} = -\frac{\sqrt{3}}{2\sin(3\overline{\theta})}\frac{1}{\sqrt{\overline{J}_2^3}} = -\frac{\cot 3\overline{\theta}}{3\overline{J}_3} \tag{5-76}$$

$$\frac{\partial \overline{J}_2}{\partial \overline{\boldsymbol{\sigma}}} = \overline{s} \tag{5-77}$$

$$\frac{\partial \overline{J}_3}{\partial \overline{\boldsymbol{\sigma}}} = \overline{s}\ \overline{s} - \frac{2}{3}\overline{J}_2\boldsymbol{\delta} \tag{5-78}$$

$$\frac{\partial \overline{\boldsymbol{\sigma}}}{\partial \mathrm{IRE}} = cd\mathrm{IRE}^{\mathrm{d}-1} \tag{5-79}$$

$F(\overline{\boldsymbol{\sigma}}, \kappa^{\mathrm{p}})$ 对塑性硬化变量 κ^{p} 推导如下：

$$\frac{\partial F}{\partial \kappa^{\mathrm{p}}} = \frac{\partial F}{\partial q_{\mathrm{h}}}\frac{\partial q_{\mathrm{h}}}{\partial \kappa^{\mathrm{p}}} \tag{5-80}$$

式中：

$$\begin{aligned}
\frac{\partial F}{\partial q_{\mathrm{h}}} = &-2\left(\frac{\overline{\rho}}{\sqrt{6}f_{\mathrm{cu}}} + \frac{\overline{\sigma}_{\mathrm{V}}}{f_{\mathrm{cu}}}\right)^2\left\{[1 - q_{\mathrm{h}}(\kappa^{\mathrm{p}})]\left(\frac{\overline{\rho}}{\sqrt{6}f_{\mathrm{cu}}} + \frac{\overline{\sigma}_{\mathrm{V}}}{f_{\mathrm{cu}}}\right)^2 + \sqrt{\frac{3}{2}}\ \frac{\overline{\rho}}{f_{\mathrm{cu}}}\right\} + \\
&2q_{\mathrm{h}}(\kappa^{\mathrm{p}})m_0\left[\frac{\overline{\rho}}{\sqrt{6}f_{\mathrm{cu}}}r(\overline{\theta},\ e) + \frac{\overline{\sigma}_{\mathrm{V}}}{f_{\mathrm{cu}}}\right] - 2q_{\mathrm{h}}(\kappa^{\mathrm{p}})
\end{aligned} \tag{5-81}$$

$$\frac{\partial q_{\mathrm{h}}}{\partial \kappa^{\mathrm{p}}} = \begin{cases} (1 - f_{\mathrm{cy}}/f_{\mathrm{cu}})[3\ (\kappa^{\mathrm{p}})^2 - 6\kappa^{\mathrm{p}} + 3] & \kappa^{\mathrm{p}} < 1 \\ 0 & \kappa^{\mathrm{p}} \geqslant 1 \end{cases} \tag{5-82}$$

5.2.4 塑性势函数

塑性势函数遵循非关联塑性流动法则[187]，采用红外辐射能量表征有效应力，获得带红外辐射数据接口的塑性势函数，其表达式为：

$$\begin{aligned}
F^{\mathrm{p}}(\mathrm{IRE}) = &\left\{[1 - q_{\mathrm{h}}(\kappa^{\mathrm{p}})]\left[\frac{\overline{\rho}(\mathrm{IRE})}{\sqrt{6}f_{\mathrm{cu}}} + \frac{\overline{\sigma}_{\mathrm{V}}(\mathrm{IRE})}{f_{\mathrm{cu}}}\right]^2 + \sqrt{\frac{3}{2}}\ \frac{\overline{\rho}(\mathrm{IRE})}{f_{\mathrm{cu}}}\right\} + \\
&q_{\mathrm{h}}^2(\kappa^{\mathrm{p}})\left(\frac{m_0\overline{\rho}(\mathrm{IRE})}{\sqrt{6}f_{\mathrm{cu}}} + \frac{m_{\mathrm{g}}[\overline{\sigma}_{\mathrm{V}}(\mathrm{IRE})]}{f_{\mathrm{cu}}}\right)
\end{aligned} \tag{5-83}$$

式中，参数 m_0 为常数，等于屈服函数式 (5-61) 中的摩擦参数。流动方向的体积部分和偏差部分的比率由函数 $m_{\mathrm{g}}[\overline{\sigma}_{\mathrm{V}}(\mathrm{IRE})]$ 控制，函数取决于体积应力，则带红外辐射数据接口的表达式为：

$$m_{\mathrm{g}}[\overline{\sigma}_{\mathrm{V}}(\mathrm{IRE})] = A_{\mathrm{g}}B_{\mathrm{g}}f_{\mathrm{cu}}\exp\left(\frac{\overline{\sigma}_{\mathrm{V}} - f_{\mathrm{tu}}/3}{B_{\mathrm{g}}f_{\mathrm{cu}}}\right) = A_{\mathrm{g}}B_{\mathrm{g}}f_{\mathrm{cu}}\exp\left(\frac{c\mathrm{IRE}^{\mathrm{d}} + \overline{\sigma}_2 - f_{\mathrm{tu}}}{3B_{\mathrm{g}}f_{\mathrm{cu}}}\right) \tag{5-84}$$

式中，A_{g} 和 B_{g} 是根据单轴拉伸和压缩塑性流动假设确定的模型参数。

$$A_{\mathrm{g}} = \frac{3f_{\mathrm{tu}}}{f_{\mathrm{cu}}} + \frac{m_0}{2} \tag{5-85}$$

$$B_{\mathrm{g}} = \frac{1 + f_{\mathrm{tu}}/f_{\mathrm{cu}}}{3[\ln(A_{\mathrm{g}}) - \ln(2D_{\mathrm{f}} - 1) - \ln(3 + m_0/2) + \ln(D_{\mathrm{f}} + 1)]} \tag{5-86}$$

式中，模型参数 D_{f} 为非弹性横向应变与非弹性轴向应变之比，设置为 0.85。

在确定塑性势函数形式后，可得到流动规则式，其推导如下：

$$\frac{\partial F^{\mathrm{p}}}{\partial \mathrm{IRE}} = \frac{\partial F^{\mathrm{p}}}{\partial \overline{\sigma}_{\mathrm{V}}}\frac{\partial \overline{\sigma}_{\mathrm{V}}}{\partial \overline{\boldsymbol{\sigma}}}\frac{\partial \overline{\boldsymbol{\sigma}}}{\partial \mathrm{IRE}} + \frac{\partial F^{\mathrm{p}}}{\partial \overline{\rho}}\frac{\partial \overline{\rho}}{\partial \overline{\boldsymbol{\sigma}}}\frac{\partial \overline{\boldsymbol{\sigma}}}{\partial \mathrm{IRE}} \tag{5-87}$$

式中：

$$\frac{\partial F^{\mathrm{p}}}{\partial \overline{\sigma}_{\mathrm{V}}} = \frac{4}{f_{\mathrm{cu}}}\left[1 - q_{\mathrm{h}}(\kappa^{\mathrm{p}})\right]\left(\frac{\overline{\rho}}{\sqrt{6}f_{\mathrm{cu}}} + \frac{\overline{\sigma}_{\mathrm{V}}}{f_{\mathrm{cu}}}\right)$$
$$\left\{\left[1 - q_{\mathrm{h}}(\kappa^{\mathrm{p}})\right]\left(\frac{\overline{\rho}}{\sqrt{6}f_{\mathrm{cu}}} + \frac{\overline{\sigma}_{\mathrm{V}}}{f_{\mathrm{cu}}}\right)^2 + \sqrt{\frac{3}{2}}\frac{\overline{\rho}}{f_{\mathrm{cu}}}\right\} + \frac{q_{\mathrm{h}}^2(\kappa^{\mathrm{p}})A_{\mathrm{g}}}{f_{\mathrm{cu}}}\exp\left(\frac{\overline{\sigma}_{\mathrm{V}} - f_{\mathrm{tu}}/3}{B_{\mathrm{g}}f_{\mathrm{cu}}}\right) \tag{5-88}$$

$$\frac{\partial F^{\mathrm{p}}}{\partial \overline{\rho}} = \frac{1}{\sqrt{6}f_{\mathrm{cu}}}\left\{\left[1 - q_{\mathrm{h}}(\kappa^{\mathrm{p}})\right]\left(\frac{\overline{\rho}}{\sqrt{6}f_{\mathrm{cu}}} + \frac{\overline{\sigma}_{\mathrm{V}}}{f_{\mathrm{cu}}}\right)^2 + \sqrt{\frac{3}{2}}\frac{\overline{\rho}}{f_{\mathrm{cu}}}\right\}$$
$$\left\{4\left[1 - q_{\mathrm{h}}(\kappa^{\mathrm{p}})\right]\left(\frac{\overline{\rho}}{\sqrt{6}f_{\mathrm{cu}}} + \frac{\overline{\sigma}_{\mathrm{V}}}{f_{\mathrm{cu}}}\right) + 6\right\} + \frac{m_0 q_{\mathrm{h}}^2(\kappa^{\mathrm{p}})}{\sqrt{6}f_{\mathrm{cu}}} \tag{5-89}$$

5.2.5　硬化函数

采用应变型内硬化变量 $\dot{\kappa}^{\mathrm{p}}$ 的演化规律[190-191]，将式（5-59）和式（5-60）带入应变型内硬化变量的表达式，获得带红外辐射数据接口的硬化变量，其表达式为：

$$\dot{\kappa}^{\mathrm{p}} = \frac{\|\dot{\varepsilon}_{\mathrm{p}}\|}{x_{\mathrm{h}}(\mathrm{IRE})}\left\{1 + 3\frac{\sqrt{\frac{2}{3}\left[(c\mathrm{IRE}^{\mathrm{d}} - \overline{\sigma}_2)^2 + (c\mathrm{IRE}^{\mathrm{d}})^2 + \overline{\sigma}_2{}^2\right]}}{\sqrt{\frac{2}{3}\left[(c\mathrm{IRE}^{\mathrm{d}} - \overline{\sigma}_2)^2 + (c\mathrm{IRE}^{\mathrm{d}})^2 + \overline{\sigma}_2{}^2\right]} + 10^{-8}f_{\mathrm{cu}}^2}\right.$$
$$\left.\cos^2\left[\frac{1}{2}\arccos\left(\frac{3\sqrt{3}\overline{J}_3}{2\left\{\frac{1}{6}\left[(c\mathrm{IRE}^{\mathrm{d}} - \overline{\sigma}_2)^2 + (c\mathrm{IRE}^{\mathrm{d}})^2 + \overline{\sigma}_2{}^2\right]\right\}^{\frac{3}{4}}}\right)\right]\right\} \tag{5-90}$$

式（5-90）中的硬化延性参数 x_{h} 如下所示：

$$x_{\mathrm{h}}(\mathrm{IRE}) = \begin{cases} A_{\mathrm{h}} - (A_{\mathrm{h}} - B_{\mathrm{h}})\exp\left[-R_{\mathrm{h}}(\mathrm{IRE})/C_{\mathrm{h}}\right] & R_{\mathrm{h}}(\mathrm{IRE}) \geqslant 0 \\ E_{\mathrm{h}}\exp\left[R_{\mathrm{h}}(\mathrm{IRE})/F_{\mathrm{h}}\right] + D_{\mathrm{h}} & R_{\mathrm{h}}(\mathrm{IRE}) < 0 \end{cases} \tag{5-91}$$

式中：

$$R_{\mathrm{h}}(\mathrm{IRE}) = -\frac{1}{3}\left(\frac{c\mathrm{IRE}^{\mathrm{d}} + \overline{\sigma}_2}{f_{\mathrm{cu}}} + 1\right) \tag{5-92}$$

式中，塑性模型参数 A_{h}、B_{h}、C_{h} 和 D_{h} 根据单轴拉伸、单轴压缩和三轴压缩下峰值应力下的应变值进行校准，参数 E_{h} 和 F_{h} 确定为：

$$E_{\mathrm{h}} = B_{\mathrm{h}} - D_{\mathrm{h}} \tag{5-93}$$

$$F_{\mathrm{h}} = \frac{(B_{\mathrm{h}} - D_{\mathrm{h}})C_{\mathrm{h}}}{A_{\mathrm{h}} - B_{\mathrm{h}}} \tag{5-94}$$

将式（5-91）代入式（5-50）中的硬化函数，则硬化函数表达式为：

$$H^{\mathrm{p}}(\kappa^{\mathrm{p}}, \mathrm{IRE}) = \frac{\|\partial_{\overline{\sigma}}F^{\mathrm{p}}(\overline{\sigma}, \kappa^{\mathrm{p}})\|}{x_{\mathrm{h}}(\mathrm{IRE})}$$
$$\left\{1 + 3\frac{\sqrt{\frac{2}{3}\left[(c\mathrm{IRE}^{\mathrm{d}} - \overline{\sigma}_2)^2 + (c\mathrm{IRE}^{\mathrm{d}})^2 + \overline{\sigma}_2{}^2\right]}}{\sqrt{\frac{2}{3}\left[(c\mathrm{IRE}^{\mathrm{d}} - \overline{\sigma}_2)^2 + (c\mathrm{IRE}^{\mathrm{d}})^2 + \overline{\sigma}_2{}^2\right]} + 10^{-8}f_{\mathrm{cu}}^2}\right.$$
$$\left.\cos^2\left[\frac{1}{2}\arccos\left(\frac{3\sqrt{3}\overline{J}_3}{2\left\{\frac{1}{6}\left[(c\mathrm{IRE}^{\mathrm{d}} - \overline{\sigma}_2)^2 + (c\mathrm{IRE}^{\mathrm{d}})^2 + \overline{\sigma}_2{}^2\right]\right\}^{\frac{3}{4}}}\right)\right]\right\} \tag{5-95}$$

5.2.6 损伤模型

塑性损伤模型的损伤部分由损伤加载函数、加载-卸载条件以及拉伸和压缩损伤变量的演化规律来描述。对于拉伸损伤，主要方程如下[192]：

$$F^{d+} = \tilde{\varepsilon}^+(\overline{\boldsymbol{\sigma}}) - \kappa^{d+} \tag{5-96}$$

$$F^{d+} \leqslant 0, \quad \dot{\kappa}^{d+} \geqslant 0, \quad \dot{\kappa}^{d+} F^{d+} = 0 \tag{5-97}$$

$$d^+ = f^{d+}(\kappa^{d+}) \tag{5-98}$$

对于压缩损伤，有

$$F^{d-} = \tilde{\varepsilon}^-(\overline{\boldsymbol{\sigma}}) - \kappa^{d-} \tag{5-99}$$

$$F^{d-} \leqslant 0, \quad \dot{\kappa}^{d-} \geqslant 0, \quad \dot{\kappa}^{d-} F^{d-} = 0 \tag{5-100}$$

$$d^- = f^{d-}(\kappa^{d-}) \tag{5-101}$$

式中，F^{d+} 和 F^{d-} 为荷载函数，$\tilde{\varepsilon}^+(\overline{\boldsymbol{\sigma}})$ 和 $\tilde{\varepsilon}^-(\overline{\boldsymbol{\sigma}})$ 为等效应变，κ^{d+} 和 κ^{d-} 为损伤驱动变量，$f^{d+}(\kappa^{d+})$ 和 $f^{d-}(\kappa^{d-})$ 为损伤变量的损伤演化函数。

与由总应变驱动损伤的纯损伤模型相比，这里的损伤与塑性应变的演化有关。等效应变 $\dot{\tilde{\varepsilon}}^+(\overline{\boldsymbol{\sigma}})$ 和 $\dot{\tilde{\varepsilon}}^-(\overline{\boldsymbol{\sigma}})$ 由速率方程增量定义[190]，并采用红外辐射表征，其表达式为：

$$\dot{\tilde{\varepsilon}}^+(\overline{\boldsymbol{\sigma}}) = \begin{cases} \dfrac{\alpha^+ \dot{\varepsilon}_V^p}{x^d(\mathrm{IRE})} & \kappa^p > 1 \text{ 且 } \dot{\varepsilon}_V^p > 0 \\ 0 & \text{其他} \end{cases} \tag{5-102}$$

$$\dot{\tilde{\varepsilon}}^-(\overline{\boldsymbol{\sigma}}) = \begin{cases} \dfrac{(1-\alpha^+)\dot{\varepsilon}_V^p}{x^d(\mathrm{IRE})} & \kappa^p > 1 \text{ 且 } \dot{\varepsilon}_V^p > 0, \\ 0 & \text{其他} \end{cases} \tag{5-103}$$

式中，$\dot{\varepsilon}_V^p = \dot{\boldsymbol{\varepsilon}}^p : \boldsymbol{\delta}$ 为体积塑性应变率，α^+ 为一个范围为 0（受拉）到 1（受压）的变量，用于区分拉伸和压缩载荷，由下式给出：

$$\alpha^+ = \dfrac{\sum\limits_{i=1}^3 \langle \overline{\sigma}_i \rangle^2}{\sum\limits_{i=1}^3 \overline{\sigma}_i^2} \tag{5-104}$$

软化延展性度量参数 $x^d(\mathrm{IRE})$ 定义为：

$$x^d(\mathrm{IRE}) = 1 + (A^d - 1) R^d(\mathrm{IRE}) \tag{5-105}$$

可根据单轴压缩实验中的软化响应校准模型参数 A^d，函数 $R^d(\mathrm{IRE})$ 定义为：

$$R^d(\mathrm{IRE}) = \begin{cases} \dfrac{-2(c\mathrm{IRE}^d + \overline{\sigma}_2)}{\sqrt{[(c\mathrm{IRE}^d - \overline{\sigma}_2)^2 + (c\mathrm{IRE}^d)^2 + \overline{\sigma}_2^2]}} & (c\mathrm{IRE}^d + \overline{\sigma}_2 \leqslant 0) \\ 0 & (c\mathrm{IRE}^d + \overline{\sigma}_2 > 0) \end{cases} \tag{5-106}$$

损伤变量到内部变量的演化规律可以假定为[193]（图5-5）：

$$d^+ = 1 - \exp(-\kappa^{d+}/\beta^+) \tag{5-107}$$

$$d^- = 1 - [2\exp(-\beta^- \kappa^{d-}) - \exp(-2\beta^- \kappa^{d-})] \tag{5-108}$$

这里，β^+ 和 β^- 均为材料的参数，定义为：

$$\beta^{+} = \frac{G_{\text{FI}}}{f_{\text{tu}} l_{\text{char}}} - \frac{f_{\text{tu}}}{2E_0} \tag{5-109}$$

$$\beta^{-} = \frac{3}{2} \frac{f_{\text{cu}} l_{\text{char}} A^{\text{d}}}{G_{\text{FC}}} \tag{5-110}$$

式中，l_{char} 为有限元的特征尺寸，E_0 为杨氏模量，G_{FC} 为压缩断裂能，可估算为[190]：

$$G_{\text{FC}} = \left(\frac{f_{\text{cu}}}{f_{\text{tu}}}\right)^2 G_{\text{FI}} \tag{5-111}$$

式中，G_{FI} 为特定的 I 型裂纹的断裂能。

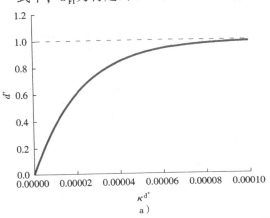
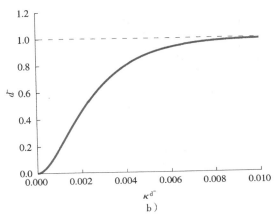

图 5-5 损伤演化规律

a）拉伸状态 b）压缩状态

砂岩双轴加载后期轴向和径向均会产生塑性变形，采用卸载模型 E_{u}、弹性应变比例 μ_{e} 和卸载体积模量 K_{VU} 计算砂岩的塑性体积应变，其公式为[194]：

$$K_{\text{VU}} = \frac{E_{\text{u}}}{3(1 - \mu_{\text{e}})} \tag{5-112}$$

砂岩双轴加载过程中弹性体积应变 Θ_{e} 和塑性体积应变 Θ_{p} 的表达式分别为：

$$\Theta_{\text{e}} = \frac{\sigma_{\text{m}}}{K_{\text{VU}}} \tag{5-113}$$

$$\Theta_{\text{p}} = \varepsilon_{\text{x}} + \varepsilon_{\text{y}} + \varepsilon_{\text{z}} - \Theta_{\text{e}} = \varepsilon_{\text{x}} + \varepsilon_{\text{y}} + \varepsilon_{\text{z}} - \frac{\sigma_{\text{m}}}{K_{\text{VU}}} \tag{5-114}$$

在红外热像图中，将温度值超过某临界值的采样点称为高温点，该临界值称为高温点阈值，将高温点的数量占温度点总数的比例定义为高温点比例因子。加载岩石的微破裂导致红外热像图中高温点的产生，累积高温点比例因子振幅指标可以间接反映岩石的微破裂。微破裂的数量通常在岩石的扩容阶段（塑性阶段）急剧增长，而微破裂数量的快速增加又会带来塑性变形的增加。对于采掘工作面岩石，无论是塑性变形还是损伤均是岩石内部微破裂的产生、聚集和发育的宏观表现。由于岩石材料内部细观结构的复杂性，微破裂的产生和因微破裂聚集而出现的微裂纹具有一定的随机性，可以认为岩石损伤的增加与塑性变形是同时出现的。因此，作者提出采用累积高温点比例因子振幅的红外辐射指标表征砂岩的塑性体积应变，进而表征加载砂岩的损伤演化。图 5-6 为砂岩双轴加载过程中的塑性体积应变随累计高温点比例因子振幅变化趋势。如图 5-6 所示，塑性体积应变随累积高温点比例因子振幅的增加呈近直线的增加，作者采用线性函数进行拟合，相关系数均高于 0.96，其表达式为：

$$\Theta_p = e\text{CIRA} + f \tag{5-115}$$

式中，CIRA 为累计高温点比例因子振幅，e 和 f 为线性函数的斜率和截距。

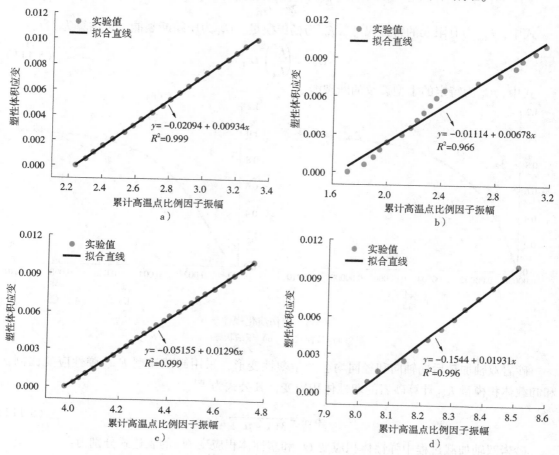

图 5-6　塑性体积应变随累计高温点比例因子振幅变化趋势
a）岩样 A_1　b）岩样 B_2　c）岩样 C_2　d）岩样 D_2

将式（5-115）代入式（5-108）即可获得带红外辐射数据接口的损伤变量，其表达式为：

$$d^- = 1 - \left[2\exp\left(-\beta^- (e\text{CIRA} + f) \right) - \exp\left(-2\beta^- (e\text{CIRA} + f) \right) \right] \tag{5-116}$$

5.2.7　模型参数与验证

在本节中，将基于红外辐射的砂岩塑性损伤三维模型应力值与实验应力值进行比较。参数 A_h、B_h、C_h 和 D_h 影响硬化延性措施。通常，参数 A_h、C_h、D_h 设置为默认值 $A_h = 0.08$、$C_h = 2$、$D_h = 1 \times 10^{-6}$，参数 B_h 是变化的，它与单轴压缩下峰值的轴向塑性应变有关。根据实验结果可确定为 $B_h = 0.004$。模型参数包括 $c \sim f$、弹性模量 E、泊松比 ν、抗拉强度 f_{tu}、抗压强度 f_{cu}、单轴弹性极限应力 f_{cy} 和拉伸断裂能 G_{FI}。这些参数均通过实验结果进行标定，其中 $\nu = 0.23$，$f_{cy} = 0.3f_{cu}$，$f_{tu} = 10.0\text{MPa}$，$G_{FI} = 80\text{N/mm}$，双轴加载砂岩的模型常数 $A_s = 5$。其余的模型参数则与岩样的应力应变曲线和红外辐射值有关，以岩样 B_1 为例，c 和 d 从

图 5-3 获取，其值分别为 49.39MPa/℃² 和 0.976；e 和 f 从图 5-6 获取，其值分别为 0.00678
和 0.01115，抗压强度 f_{cu} 和弹性模量 E 从实验应力应变曲线获取，其值分别为 75.80MPa 和
3.61GPa。压密阶段的应力曲线由式（5-40）得出，其中压密点的应力和红外辐射能量值分
别从实验"应力-应变"曲线和"应变-红外辐射能量"曲线获取，其值分别为 15.60MPa 和
17.61℃²。压密阶段后的应力则需将带红外辐射数据接口的塑性损伤模型带入通过有限元软
件中，通过子程序二次开发计算得到砂岩双轴加载过程中的应力值。图 5-7 为干燥与饱水砂
岩双轴加载过程中的实验曲线和三维损伤模型曲线。从图 5-7 可以看出，本书的数值曲线与
实验曲线基本一致，所建立的带红外辐射数据接口的三维塑性损伤本构模型适用于预测干燥
与饱水砂岩双轴加载过程中的应力值。

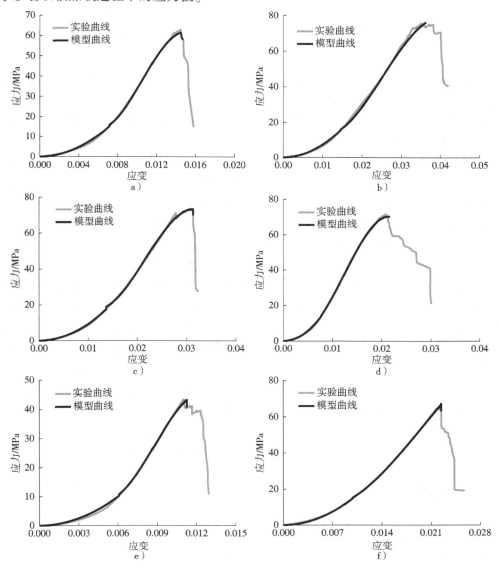

图 5-7　岩石双轴加载过程中的实验曲线和三维损伤模型曲线

a）岩样 A_1　　b）岩样 B_2　　c）岩样 C_2　　d）岩样 D_2　　e）岩样 E_2　　f）岩样 F_2

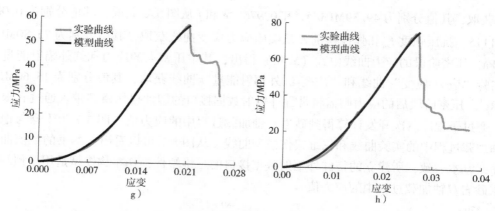

图 5-7　岩石双轴加载过程中的实验曲线和三维损伤模型曲线（续）

g）岩样 G_2　h）岩样 H_1

　　本书建立的基于红外辐射的三维塑性损伤本构模型仅仅考虑了岩石峰值应力前的加载过程，没有考虑岩石峰后阶段的应变软化。在煤矿采煤工作面，采煤机械的运行将会对工作面附近围岩带来扰动，工程岩石将会在扰动作用下表现出应变软化的行为。当岩石变形进入峰后应变软化阶段时，相比峰值应力前的加载阶段，岩石材料的本构方程将会发生本质的改变，所推导的应力应变增量方程是非正定的，这将会对数值求解带来困难。此外，双轴加载砂岩峰值应力点前后的红外辐射指标可能会发生较大的变化，例如 AIRT 可能会在峰值应力点时出现突变，随后伴随着变化趋势的改变。尤其是峰后阶段，每个岩样的红外辐射曲线都呈现特定的变化，也即具有较大的离散性，这也为采用红外辐射表征双轴加载岩石全过程的力学参量，以及建立基于红外辐射的峰后阶段塑性损伤本构带来挑战。以往研究在建立峰后阶段弹塑性本构时通常采用弹脆性分析方法，应用弹脆性方法分析应变软化问题时，高斯点在进入峰后阶段后，其强度直接从峰值应力强度屈服面降低至岩石参与强度屈服面，也即每个高斯点在应变软化阶段只有一次应力跌落过程，这显然与真实应力状态不符合。在今后的研究中，作者将会分析各红外辐射指标在峰后阶段的变化特征，确定岩石应变软化过程的敏感红外辐射指标，建立红外辐射指标与塑性变形的表象关联，将应变软化过程简化为带红外辐射数据接口的脆性跌落与塑性流动过程进行求解，也即将红外辐射的演化划分为多个增量步，计算每一个增量步下的应力跌落量，当高斯点的应力状态跌落至参与强度屈服面时结束计算。在此基础上，采用 CT 扫描分析应变软化阶段岩石的细观特征，研究细观特征与红外热像图之间的内在联系，并结合断裂力学构建应变软化过程中微裂纹扩展区的红外辐射空间量化表征方法，最终建立基于红外辐射的岩石峰后阶段微裂纹塑性损伤本构模型。

5.3　本章小结

　　1）由于砂岩加载变形过程中微破裂产生的损伤和温度具有一致的统计分布规律，应力导致岩石变形的产生，应力对岩石红外辐射具有控制效应，而红外辐射能量则反映岩石因受力而产生的累计红外辐射强度，因此本书提出采用红外辐射能量表征岩石的轴向应变。

　　2）将连续介质力学与统计损伤分布模型相结合，推导了损伤模型参数与砂岩双轴加载破裂过程中力学参量的关系，建立了基于红外辐射的分段式砂岩损伤统计本构模型，克服了拟合曲线与实验曲线压密阶段峰前偏离较大的问题，拟合度高，相关系数不低于 0.95，能较好地分析双轴加载砂岩的应力应变问题。

3）硬质脆性红砂岩的红外辐射产生机制主要为热弹效应，其峰值应力前的变形仍然以弹性变形为主，也即红外辐射和有效应力均与砂岩双轴加载过程中的弹性变形密切相关，由此提出采用红外辐射表征有效应力，并实现了有效应力张量第一不变量和偏张量第二不变量的红外辐射量化表征。

4）累积高温点比例因子振幅与砂岩塑性体积应变呈近线性函数关系，提出了采用累积高温点比例因子振幅表征砂岩的塑性体积应变，进而实现了双轴加载砂岩损伤变量的红外辐射量化表征。

5）塑性模型基于有效应力建立，损伤模型由塑性应变驱动，由此构建了基于红外辐射的砂岩加载破裂过程中的塑性损伤三维本构模型，该模型具有明确物理意义的输入参数，且考虑了砂岩的压密阶段，模型应力与实验应力具有较好的一致性，适用于干燥与饱水砂岩双轴加载过程中的应力预测。

6）在今后的研究中，作者将会建立应变软化过程中红外辐射指标与塑性变形的表象关联，将应变软化过程简化为带红外辐射数据接口的脆性跌落与塑性流动过程进行求解。在此基础上，研究岩石细观特征与红外热像图之间的内在联系，并结合断裂力学构建应变软化过程中微裂纹扩展区的红外辐射空间量化表征方法，最终建立基于红外辐射的岩石峰后阶段微裂纹塑性损伤本构模型。

第6章 水力耦合作用下砂岩内部的 "渗流-温度" 模型

地下工程渗（突）水通常是水力耦合作用下的结果，承载作用下岩石的破裂破坏会增加其渗透率，而渗透率的增加会促进岩石的破裂破坏。岩石加载破裂过程中会伴随着红外辐射温度的变化，而水对岩石表面的红外辐射具有促进作用（放大效应），因此笔者尝试采用红外辐射监测水力耦合作用下岩石的破裂破坏过程作为条件，开展了水力耦合作用下砂岩的声发射和红外辐射监测实验，依据热力学第一定律和非达西流表达式，建立砂岩内部渗流过程中温度与孔隙水压力的定量表达式。基于经典的双弹簧模型，分析基质系统渗透率控制方程的红外辐射量化表征，建立水力耦合作用下带红外辐射数据接口的砂岩内部 "渗流-温度" 演化模型。基于该模型，通过有限元二次开发研究砂岩内部的渗流场和温度场的演化特征，并构建人工智能模型预测砂岩内部的物理力学参量。

6.1 砂岩加载破裂渗水的红外辐射特征

6.1.1 实验设计

加工好后的注水岩样如图 6-1 所示。实验试件采用红砂岩，岩样设计尺寸为 $100\text{mm} \times 100\text{mm} \times 100\text{mm}$，岩样的注水孔直径和深度均为 50mm。岩样的注水孔一段采用强力胶将岩样表面与固定磨具的铁块粘在一起，之后采用电焊将固定磨具加固，以抵抗水泵运行后注水孔内的水压力，注水管与磨具之间通过螺栓拧紧固定，可确保实验过程中注水一侧不会发生漏水现象。笔者在前期对加工后的岩样进行测试发现，水泵注水加压后，当水压不超过 0.5MPa 时，岩样的固定磨具一侧不会发生漏水现象。而当水压超过 0.5MPa 时，固定磨具一侧可能会发生漏水现象，这将会导致实验时的水压力有所下降，并且部分岩样还可能发生固定磨具的脱落。因此，将实验时的水压值设置为 0.5MPa。实验中采用的加载控

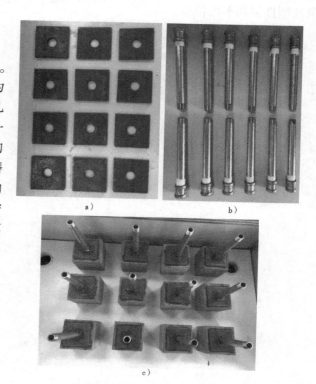

图 6-1 加工好后的注水岩样
a）固定模具 b）注水管 c）岩样

制系统、红外热像仪、声发射监测系统和高速摄像系统已经在第 2 章的 2.2 节详细介绍。水压加载设备采用上海 4DSY 型电动试压泵，可施加 0～3MPa 的水压力，具有低压段加水压快、运行平稳的优点。

实验开始前，先将实验仪器及岩样摆放完毕，之后将压力机、红外热像仪、声发射监测系统、相机和电动水压泵等设备的时钟设为一致。水力耦合作用下岩样声发射和红外辐射监测实验布置如图 6-2 所示。本实验采用等位移加载方式，压力控制系统的位移加载速率设置为 0.1mm/min，采集频率设置为每秒 10 次。红外热像仪的采样频率设置为每秒 25 次。实验开始前，先使用红外热像仪观测岩样表面红外辐射温度曲线，当岩样红外辐射温度曲线稳定以后即开始实验。采用红外热像仪、声发射和高速摄像机监测砂岩加载渗（突）水过程，并分析岩样加载破裂渗（突）水过程中声发射和红外辐射的变化规律。

图 6-2　岩石水力耦合实验布置

6.1.2　红外辐射特征

因水力耦合实验的岩样较多，限于篇幅选取岩样 I_1 和 I_2 进行分析。图 6-3 为岩样加载破裂渗水过程中的应力、声发射振铃计数、累计振铃计数和 AIRT 变化曲线。如图 6-3a 所示，岩样 I_1 在 OA 段的加载过程中应力曲线略向下弯曲，这是由于岩石孔隙和微裂隙压密，累计振铃计数曲线几乎为 0，A 点时开始出现增长，AIRT 曲线在该阶段呈近直线的增加趋势，其值由 22.086℃上升至 22.132℃。AB 阶段为弹性阶段，累计振铃计数缓慢地增加，B 点时的振铃计数出现小幅度突变，其值为 5492。该阶段 AIRT 近直线地增加，但是增加速率相比 OA 段有所下降，其值由 22.132℃上升至 22.162℃。BD 阶段累计振铃计数呈近指数的增加趋势，振铃计数指标在 C 点时发生了最大幅度的突变，其值为 46866。D 点时应力曲线略微向下弯曲，对应振铃计数发生突变，突变值为 31057。该阶段 AIRT 缓慢地上升，其值由 22.162℃上升至 22.180℃。E 点时 AIRT 发生了小幅度的突变，其值为 22.194℃。采用高速摄像机记录砂岩加载破裂渗水的过程，图 6-4 为岩样破裂渗水过程中的可见光照片。如图 6-4 所示，E 点（641s）时砂岩表面的中部和左侧同时出现宏观裂纹，笔者认为这是 AIRT 在该点时发生突变的原因。在 642s 时砂岩中部和下部的微裂纹处开始出现渗水，中部的渗水面积在随后的砂岩破坏过程中逐渐扩大。左下部位的宏观裂纹在 660s 时开始出现渗水，在 660 ~ 670s 其渗水面积逐渐扩大。在 641 ~ 697s 的渗水过程中，砂岩变形进入峰后阶段，累计振铃计数快速增加，而 AIRT 则呈近直线的快速下降。

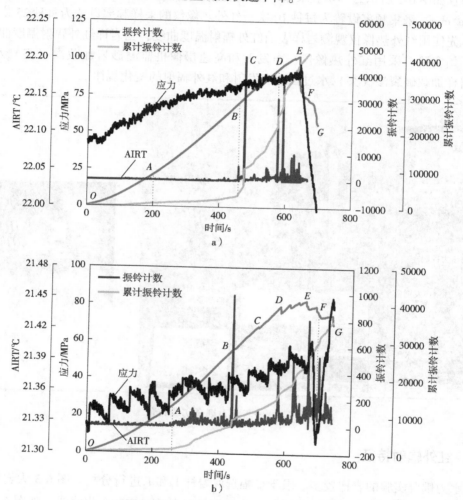

图 6-3　水力耦合作用下岩样的应力、声发射和 AIRT 变化曲线

a）岩样 I_1　b）岩样 I_2

如图 6-3b 所示，岩样 I_2 在 OA 段的加载过程中应力曲线略有向下弯曲，累计振铃计数曲线几乎为 0，A 点时开始出现增长，AIRT 曲线在砂岩加载过程中呈"上升—下降—上升"的波动状态，AIRT 上升值大于下降值，因此整体呈增加的趋势，该阶段 AIRT 值由 21.318℃ 上升至 21.369℃。相较于 OA 阶段，AB 阶段的声发射振铃计数略有增加，B 点时振铃计数发生最大的突变，其值为 988。与此同时，累计振铃计数不断上升，AIRT 整体呈水平的波动状态。BD 阶段累计振铃计数快速上升，AIRT 曲线呈波动式的上升趋势，其值由

21.369℃上升到21.391℃。D点时砂岩发生断裂，其变形进入明显的塑性阶段，之后伴随着振铃计数的多次突变，砂岩的损伤快速增加，砂岩到达峰值应力点 E。结合砂岩破裂渗水过程中的可见光照片进行分析，583s 时应力应变曲线出现应力降，对应岩样的左上部位出现宏观微裂纹。678s 时 AIRT 达到渗水前的最大值，21.410℃，之后 AIRT 快速下降，695s 时 AIRT 降低到最小值，21.310℃，从该时刻对应的可见光照片发现此时未发生渗漏水现象，作者认为温度快速下降是砂岩内部微裂纹快速发育，水沿着微裂纹即将到达岩石表面，由于水的温度低于砂岩，热传导作用导致砂岩表面的 AIRT 快速下降。

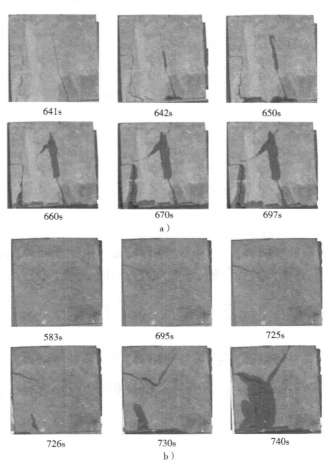

图 6-4　岩样破裂渗水过程中的可见光照片
a）岩样 I_1　b）岩样 I_2

695～725s 的加载过程中应力几乎保持不变，其值为 73.93MPa，AIRT 快速增加，由 21.310℃增加至 21.392℃，725s 时岩样左上部位的微裂纹相比 695s 时更加明显，该阶段温度的快速上升与岩石内部的微裂纹快速扩展有关，该阶段应力保持不变，但是变形和损伤均不断增加，微裂纹快速发育产生热量。与此同时，水对岩石的红外辐射具有促进作用，临近岩样表面的水促进了裂纹发育产生的热量传递至砂岩表面。726s 时左下部位开始出现渗水点，730s 时砂岩左下部位的渗水面积不断增加，砂岩上部出现相连的"V 形"宏观裂纹，并且该处开始渗水。740s 时 V 形宏观裂纹的渗水面积不断扩大，与此同时 AIRT 增加至最大值，21.451℃。726~740s 为砂岩的渗水过程，且渗水面积不断增加，此时 AIRT 也不断增加，由 21.391℃上升至 21.451℃。这是因为，该阶段裂纹快速发育产生的热量高于渗出的水吸收的热量，进而导致砂岩表面的 AIRT 不断增加。740s 后应力下降，微裂纹的发育扩展和损伤程度明显减弱，此时砂岩表面的 AIRT 主要受到渗出的水影响，因此 740s 之后 AIRT 出现快速下降的趋势。

6.2 水力耦合作用下砂岩内部的"渗流-温度"模型

6.2.1 水压作用下的红外辐射模型

克劳修斯在 1850 年首次提出了熵的概念，香农在 1948 年引入了基于概率方法的信息熵，杰恩斯在 1957 年将信息熵引入统计力学并提出了最大信息熵原理。熵理论可以用来描述系统状态的变化。为了确定水压作用下砂岩表面红外辐射随时间的变化，本书采用了杰恩斯（1957）定义信息熵的公式[195]：

$$I(t_i) = -\sum_{n=1}^{N} P_n(t_i) \lg P_n(t_i) \tag{6-1}$$

式中，I 为熵值；t 为时间；N 为温度区间数；$P_n(t_i)$ 为系统中 t 时刻出现第 N 个温度区间的概率。

为了最小化每个位置的辐射亮度和环境辐射差异对结果的影响，需要通过减去图像序列中随机时间 t 和参照试样同等时刻图像的像素灰度级来处理红外图像序列中的差值。假设在时间 t_1 和 t_2 测量红外热像图像后减去参照试样的红外热像图，则有：

$$\begin{cases} I(t_1) - I'(t_1) = -\sum_{n=1}^{N} [p_n(t_1) - p'_n(t_1)][\lg p_n(t_1) - \lg p'_n(t_1)] \\ I(t_2) - I'(t_2) = -\sum_{n=1}^{N} [p_n(t_2) - p'_n(t_2)][\lg p_n(t_2) - \lg p'_n(t_2)] \end{cases} \tag{6-2}$$

式中，I' 为参照试样的熵值；p'_n 为参照试样的系统中 t 时刻出现第 N 个温度区间的概率。

$$\begin{cases} I(t_1) - I'(t_1) = I(t_2) - I'(t_2) \\ I(t_1) - I'(t_1) \neq I(t_2) - I'(t_2) \end{cases} \tag{6-3}$$

式中，取等式时，表明岩石表面的红外辐射温度处于稳定状态；反之，则岩石表面的红外辐射温度处于不稳定状态。

依据热力学第一定律，有

$$\dot{E} = \dot{Q}_{in} - \dot{W}_{out} \tag{6-4}$$

式中，E 是系统中的总能量；Q_{in} 为系统从外部吸收的热量；W_{out} 为系统对外做的功。

从非饱和多孔介质中去除六面体微控制体，单位时间内微小物体的总能量是[196]：

$$\dot{E} = \frac{D}{Dt}[e_w \rho_w \theta dx dy dz + e_s \rho_s (1-\theta) dx dy dz] = \frac{D}{Dt}[e_w \rho_w \theta + e_s \rho_s (1-\theta)] dx dy dz \tag{6-5}$$

式中，e_w 是单位质量流体的能量；ρ_w 是水的密度；θ 为岩石含水率，依据第 2 章统计的饱和岩样的含水率，所有岩样饱和含水率的平均值为 3.15%，此处假设水力耦合作用下岩样的含水率随时间呈线性增加，且发生破坏渗水时的含水率为 3.15%。e_s 为单位质量岩石的能量；ρ_s 为岩石的密度。其中 e_w 和 e_s 由内能、动能和基质吸力势能三个部分组成，其定义如下[196]：

$$e_w = u_w + \frac{u^2 + v^2 + w^2}{2} + h_m g \tag{6-6}$$

$$e_s = u_s \tag{6-7}$$

式中，u_w 是单位质量流体的内能；u_s 是单位质量固体的内能；u、v 和 w 是流体速度的三个分量；h_m 是单元体的基质吸水头；g 是重力加速度。

将式（6-6）和式（6-7）代入式（6-5）可以得到：

$$\dot{E} = \frac{D}{Dt}\left[\left(u_w + \frac{u^2 + v^2 + w^2}{2} + h_m g\right)\rho_w \theta + u_s \rho_s (1 - \theta)\right]dxdydz$$
$$= \frac{D}{Dt}\left\{[u_w \rho_w \theta + u_s \rho_s (1 - \theta)] + h_m g \rho_w \theta + \frac{u^2 + v^2 + w^2}{2}\rho_w \theta\right\}dxdydz \tag{6-8}$$

不考虑实验中砂岩与外界的热交换，则：

$$\dot{Q}_{in} = 0 \tag{6-9}$$

由于微小物体对外做功是由两部分组成的，即体力和表面力。体力只与流体重力所做的功有关，在本实验中忽略不计。表面力与水压力有关，其对微小单元体所做功的表达式为：

$$\dot{W}_{out} = \rho_w \theta dxdydz \frac{\partial v}{\partial t}x \tag{6-10}$$

式中，x 为微小物体的水分在水压力作用下运动的位移。

将式（6-8）、式（6-9）和式（6-10）代入式（6-4）可以得到：

$$\frac{D}{Dt}\left\{[u_w \rho_w \theta + u_s \rho_s (1 - \theta)] + h_m g \rho_w \theta + \frac{u^2 + v^2 + w^2}{2}\rho_w \theta\right\} = \rho_w \theta \frac{\partial v}{\partial t}x \tag{6-11}$$

单位体积不饱和多孔介质的内能 $u_w \rho_w \theta + u_s \rho_s (1 - \theta)$ 和基质吸水势能 $h_m g \rho_w \theta$ 等价于相同体积均质连续介质中内能 $\bar{u}$ 和基质吸水势能 $h_m g$。因此有[196]：

$$[u_w \rho_w \theta + u_s \rho_s (1 - \theta)] + h_m g \rho_w \theta = (\bar{u} + h_m g)\rho \tag{6-12}$$

式中，ρ 为等效密度。

将式（6-12）代入式（6-11）可以得到：

$$\frac{D}{Dt}\left[[u_w \rho_w \theta + u_s \rho_s (1 - \theta)] + h_m g \rho_w \theta + \frac{u^2 + v^2 + w^2}{2}\rho_w \theta\right]$$
$$= \frac{D}{Dt}\left[(\bar{u} + h_m g)\rho + \frac{u^2 + v^2 + w^2}{2}\rho_w \theta\right] \tag{6-13}$$
$$= \rho_w \theta \frac{\partial v}{\partial t}x$$

单位质量的不饱和多孔介质的焓定义为：

$$H = \bar{u} + \frac{P}{\rho} = \bar{u} + h_m g \tag{6-14}$$

$$H = C_P T \tag{6-15}$$

式中，C_P 为恒压比热容；T 为温度；P 为压力势能。

将式（6-14）和式（6-15）代入式（6-12）可以得到：

$$\frac{D}{Dt}\left[C_\mathrm{p}T\rho + \frac{u^2+v^2+w^2}{2}\rho_\mathrm{w}\theta\right] = \rho_\mathrm{w}\theta\frac{\partial u}{\partial t}x \tag{6-16}$$

由于砂岩内部原生孔隙和微裂隙的各向异性，水压作用下水分子渗流至表面的过程中可视为非稳态渗流，则渗流方程为[197]：

$$\rho_\mathrm{w}C_\mathrm{a}\frac{\partial\vec{v}}{\partial t} = -\nabla\vec{p} - \frac{\mu}{k}\vec{v} + \rho_\mathrm{w}g \tag{6-17}$$

式中，C_a 为加速度系数；$\vec{v}$ 为渗流速度；$\nabla\vec{p}$ 为压力等级；k 代表渗透率；μ 代表物体的动力黏度。

依据 Ahmed 与 Sunada 对特定形式的多孔介质展开的渗透实验可得，压力等级与渗流速度之间满足如下关系式[197]：

$$-\nabla\vec{p} = -\frac{\mu}{k}\vec{v} - \rho_\mathrm{w}\beta|\vec{v}|\vec{v} \tag{6-18}$$

式中，β 为非达西流因子。

本书中水压作用下水分子为沿着 x 方向的渗流，对应于式（6-18）的 Forcheimer 一维动量方程为[198]：

$$\rho_\mathrm{w}C_\mathrm{a}\frac{\partial v}{\partial t} = -\frac{\partial p}{\partial x} - \frac{\mu}{k}v - \rho_\mathrm{w}\beta v^2 + F \tag{6-19}$$

式中，F 为体积力。

在水分子由孔内渗流至砂岩表面的过程中，上式中压力梯度项 $\frac{\partial p}{\partial x}$ 较大，忽略体积力不会产生太大的误差，于是有

$$\rho_\mathrm{w}C_\mathrm{a}\frac{\partial u}{\partial t} = -\frac{\partial p}{\partial x} - \frac{\mu}{k}u - \rho_\mathrm{w}\beta u^2 \tag{6-20}$$

对于渗流稳定时则有：

$$-\frac{\partial p}{\partial x} = \frac{\mu}{k}u \tag{6-21}$$

应用式（6-20）和式（6-21）的条件为岩样的内部颗粒不存在破碎的情况，将式（6-20）代入式（6-16）可得：

$$\frac{D}{Dt}\left[C_\mathrm{p}T\rho + \frac{u^2+v^2+w^2}{2}\rho_\mathrm{w}\theta\right] = \frac{\theta x}{C_\mathrm{a}}\left(-\frac{\partial p}{\partial x} - \frac{\mu}{k}v - \rho_\mathrm{w}\beta v^2\right) \tag{6-22}$$

式（6-22）给出了水压作用下红外辐射温度和砂岩表面不饱和多孔介质的含水量之间的关系。该方程有 15 个参数，由 3 个常数和 6 个变量组成，描述了非饱和多孔介质水分以速度 u、v 和 w 渗流时瞬态红外辐射温度 T 与含水量 θ 之间的关系。式中：

$$\begin{aligned}\frac{D}{Dt}(C_\mathrm{p}T\rho) &= \frac{\partial}{\partial t}(C_\mathrm{p}T\rho) + u\frac{\partial}{\partial x}(C_\mathrm{p}T\rho) + v\frac{\partial}{\partial y}(C_\mathrm{p}T\rho) + w\frac{\partial}{\partial z}(C_\mathrm{p}T\rho) \\ &= C_\mathrm{p}\rho\left(\frac{\partial T}{\partial t} + u\frac{\partial T}{\partial x} + v\frac{\partial T}{\partial y} + w\frac{\partial T}{\partial z}\right)\end{aligned} \tag{6-23}$$

式中，$\frac{\partial T}{\partial t}$ 为水在砂岩中渗流过程中的温度分布当地项；$\frac{\partial T}{\partial x}$ 为温度分布的对流项。

本书仅考虑沿着 x 方向的一维渗流，因此，$v=0$，$w=0$，联立式（6-22）和式（6-23）

可以得到：

$$\frac{\partial T}{\partial t} = \frac{\theta}{C_p \rho}\left(\frac{x}{C_a} - \rho_w\right)\left(-\frac{\partial p}{\partial x} - \frac{\mu}{k}u - \rho_w\beta u^2\right) - u\frac{\partial T}{\partial x} \tag{6-24}$$

下面建立砂岩内部渗流速度与孔隙水压力的表达式。孔隙水在砂岩等多孔介质中发生定向微渗流，其渗流速度大小与孔隙水压力密切相关，而孔隙水压力随位置的变化而变化。最大的水压力位置为水岩的接触面，孔隙水在渗流的过程中受到砂岩内部颗粒的阻碍作用，其所受的压力随着孔隙水渗流距离的增加而逐渐降低，如图 6-5 所示。

图 6-5 中截面 1 和 2 之间的水流量可以表示为：

$$\Delta Q = Q_1 - Q_2 = A\frac{\partial u}{\partial x}dxdt \tag{6-25}$$

式中，Q_1 和 Q_2 为经过截面 1 和 2 的水流量；A 为水渗流的砂岩截面的面积。

体积模量 K 为：

$$\frac{1}{K} = -\frac{1}{V}\frac{dV}{dp} \tag{6-26}$$

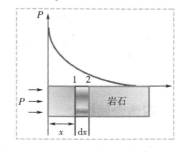

图 6-5　岩石水平方向水压变化示意

式中，$V = Ax$。

联立式（6-25）和式（6-26）可得：

$$\frac{dp}{dt} = -E\frac{du}{dx} \tag{6-27}$$

为了简化公式，在建立渗流速度与水压梯度之间的关系式时，假设渗流状态为稳态渗流，依据达西定律，沿着 x 轴方向的渗流速度与孔隙水压力梯度的关系式为：

$$u = -\frac{k}{\mu}\frac{\partial p}{\partial x} \tag{6-28}$$

联立式（6-27）和式（6-28）可得：

$$\frac{\partial p}{\partial t} = \frac{kK}{\mu}\frac{\partial^2 p}{\partial x^2} \tag{6-29}$$

式（6-29）的边界条件为：

$$\begin{cases} p(x, 0) = 0 \\ p(0, t_0) = p_0; \ p(\infty, t_0) = 0 \end{cases} \tag{6-30}$$

式中，$t_0 > 0$；p_0 为水岩接触面的水压。

依据边界条件可得[199、200]：

$$p(x) = p_0 \text{erfc}\left(\frac{x}{2\sqrt{kEt_0/\mu}}\right) \tag{6-31}$$

式中，erfc($\bullet$) 为互补误差函数。

将式（6-31）代入式（6-28）可得孔隙水压力与渗流速度的关系为：

$$u(x) = p_0\sqrt{k/(\pi K\mu t_0)}\, e^{-\frac{\mu x^2}{4kKt_0}} \tag{6-32}$$

将上式代入式（6-24）可得岩石内部渗流过程中温度与孔隙水压力的定量表达式：

$$\frac{\partial T}{\partial t} = \frac{\theta}{C_p\rho}\left(\frac{x}{C_a} - \rho_w p_0\sqrt{k/\pi K\mu t_0}\, e^{-\frac{\mu x^2}{4kKt_0}}\right)\left[-\frac{\partial p}{\partial x} - \frac{\mu}{k}p_0\sqrt{k/\pi K\mu t_0}\, e^{-\frac{\mu x^2}{4kKt_0}} - \right.$$
$$\left. \rho_w\beta(p_0\sqrt{k/\pi K\mu t_0}\, e^{-\frac{\mu x^2}{4kKt_0}})^2\right] - p_0\sqrt{k/\pi K\mu t_0}\, e^{-\frac{\mu x^2}{4kKt_0}}\frac{\partial T}{\partial x} \tag{6-33}$$

式（6-33）为渗流作用下岩石的温度演化方程，依据第 4 章的研究可知，砂岩加载过程中的温度演化还与热弹效应和摩擦热效应有关，由于砂岩表面的裂纹扩展通常在峰值应力前后出现，在本章的研究中忽略裂纹扩展热效应的影响。依据第 4 章的研究内容，加载砂岩破裂过程中的温度公式为：

$$\Delta T = \Delta T_1 + \Delta T_2$$

$$= -\frac{T\alpha}{C_p\rho}\Delta(\sigma_1 + \sigma_2 + \sigma_3) + \frac{\beta(\varepsilon^p)}{J\rho C_p}\int_{\varepsilon_i}^{\varepsilon_{i+1}} E\left[1 - \left(1 - \frac{\sigma_p}{\sigma_c}\right)\frac{C_d}{C_0}\right]\varepsilon\exp\left(\frac{C}{T}\right)\mathrm{d}\varepsilon^p \qquad (6\text{-}34)$$

在采矿工程中，采动造成的地下水渗流过程中，温度除了与孔隙水压力有关，还与岩体的应力有关。应力会影响岩体的孔隙度，渗透性与孔隙度密切相关，尤其是砂岩发生损伤破裂时，宏观裂纹的扩展将会增大砂岩的渗透性，而渗透性的增加将会影响到渗流速度，进而影响到砂岩内部的温度分布。下节将推导应力影响下的渗透性变化特征。

6.2.2 双重介质模型

由于岩石宏观物理性质太过复杂，无法采用统一的理论去研究，本书从细观角度通过研究工程岩石中的代表性体积单元，进而反映砂岩的宏观力学性质。在岩石工程中，考虑到弹性应变通常很小，工程应变被专门使用。然而，多孔和破裂的岩石与纯固体材料的不同之处在于，它本质上是不均匀的，包括固相和具有各种几何形状的孔隙（或裂缝）。尽管对于实际关注的应力变化，大多数岩石中的弹性应变确实很小，但在岩体的某些部分中，应变可能相当大。例如，岩石中的一些孔隙（或裂缝）可能会发生显著变形，甚至在实践中遇到的一定范围的应力变化下完全闭合。对于这些孔隙，应变相对较大（1 个数量级）。对这部分岩石变形的准确描述对于耦合的力学和渗流过程很重要，因为流体流动发生在孔隙和裂缝中。

为了解决这个问题，Liu 等[201]将非均质（原生孔隙和微裂隙）岩石概念化为两部分，并假设软体部分（孔隙体积或裂缝孔隙）遵循基于工程应变的胡克定律，其值为岩体变形与无应力状态下的体积之比。而硬体部分（去除孔隙和微裂隙的完整骨架）遵循自然应变的胡克定律，自然应变也称为真应变，即岩体变形与当前应力状态的岩体体积之比。由此而提出了弹簧系统模型，也即双应变胡克模型。这种概念化可以由图 6-6 所示的假设的复合弹簧系统来表示。两个弹簧承受相同的应力，但遵循不同的胡克定律。

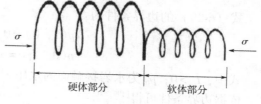

图 6-6 复合弹簧系统模型

1. 基质渗流控制方程

假设在承受弹性变形的均匀各向同性材料体的表面上施加均匀分布的力。在这种情况下，胡克定律可以表示为：

$$\mathrm{d}\sigma = K\mathrm{d}\varepsilon_{v,t} \qquad (6\text{-}35)$$

式中，σ 为静水压力，压缩方向为正；K 为体积模量；$\varepsilon_{v,t}$ 为体积应变，其计算公式为：

$$\mathrm{d}\varepsilon_{v,t} = -\frac{\mathrm{d}V}{V} \qquad (6\text{-}36)$$

式中，V 为当前应力状态下岩石材料的总体积。

在以往的研究中，当应用胡克定律时，通常采用如下公式表征工程应变[201]：

$$d\varepsilon_{v,e} = -\frac{dV}{V_0} \tag{6-37}$$

式中，$\varepsilon_{v,e}$ 为工程应变，V_0 为无应力状态下的体积应变；当 $\sigma = 0$ 时，$V = V_0$。

对式（6-36）和式（6-37）分别进行积分可得：

$$V = V_0 \exp\left(1 - \frac{\sigma}{K}\right) \tag{6-36'}$$

$$V = V_0 \left(1 - \frac{\sigma}{K}\right) \tag{6-37'}$$

从以上两式可以看出，对于较小的应变值 $\frac{\sigma}{K}$，两式计算得到的体积几乎相同。

砂岩加载破裂过程中应力对红外辐射具有控制效应，且控制效应具有普遍性、同时性和显著性[12、148、178]。在第 5 章时笔者发现应变与红外辐射能量指标呈幂函数关系，由于加载砂岩的变形与所处的应力状态密切相关，因此，可以尝试采用红外辐射表征砂岩的应力。作者发现应力与砂岩的红外辐射能量指标呈幂函数关系，则式（6-36'）和式（6-37'）可写成如下的形式：

$$V = V_0 \exp\left(1 - g\frac{IRE^h}{K}\right) \tag{6-38}$$

$$V = V_0 \left(1 - g\frac{IRE^h}{K}\right) \tag{6-39}$$

式中，IRE 为砂岩的红外辐射能量；g 和 h 为幂函数的常数量，通过应力与红外辐射能量指标进行幂函数拟合获取。

使用下标 0、e 和 t 来分别表示岩体的无应力状态、硬体部分（基于工程应变的胡克定律适用的地方）和软体部分（基于自然或真实应变的胡克定律适用的地方），于是有[201]：

$$V_0 = V_{0,e} + V_{0,t} \tag{6-40}$$

$$dV = dV_e + dV_t \tag{6-41}$$

将式（6-38）和式（6-37）代入式（6-41）可得：

$$-\frac{dV}{V_0} = \gamma_e g\frac{dIRE^h}{K_e} + \gamma_t \exp\left(-g\frac{IRE^h}{K_t}\right)g\frac{dIRE^h}{K_t} \tag{6-42}$$

$$\gamma_t = \frac{V_{0,t}}{V_0} \tag{6-43}$$

$$\gamma_e = 1 - \gamma_t \tag{6-44}$$

式中，γ_t 和 γ_e 为软体部分和硬体部分占岩石的百分比。

对式（6-38）和式（6-39）进行求导，并分别应用于砂岩中的硬体部分和软体部分，可得：

$$dV_t = -agh\frac{V_{0,t}}{K_t}IER^{h-1}\exp\left(-g\frac{IRE^h}{K_t}\right)dIRV \tag{6-45}$$

$$dV_e^p = -aghC_eV_{0,e}^p IRE^{h-1}dIRV \tag{6-46}$$

式中，C_e 为孔隙总体积中闭合孔隙部分的压缩系数。

基质孔隙度可以表示为：

$$d\phi_m = \frac{dV^p}{V} = \frac{dV_e^p + dV_t}{V} \tag{6-47}$$

将式（6-45）和式（6-46）代入式（6-47）可得：

$$\mathrm{d}\phi_\mathrm{m} = -gh\phi_\mathrm{e}C_\mathrm{e}\mathrm{IRE}^{\mathrm{h}-1}\mathrm{dIRV} - gh\frac{\gamma_\mathrm{t}}{K_\mathrm{t}}\mathrm{IRE}^{\mathrm{h}-1}\exp\left(-g\frac{\mathrm{IRE}^\mathrm{h}}{K_\mathrm{t}}\right)\mathrm{dIRV} \tag{6-48}$$

式中：

$$\phi_\mathrm{e} = \phi_0 - \gamma_\mathrm{t} \tag{6-49}$$

$$\phi_0 = \frac{V_0^\mathrm{p}}{V_0} \tag{6-50}$$

当 $\sigma = 0$ 时，$\phi_\mathrm{m} = \phi_0$，对上式进行积分可以得到基质在应力作用下，带红外辐射数据接口的孔隙度演化模型：

$$\phi_\mathrm{m} = \phi_\mathrm{e}(1 - C_\mathrm{e}g\mathrm{IRE}^\mathrm{h}) + \gamma_\mathrm{t}\exp\left(-g\frac{\mathrm{IRE}^\mathrm{h}}{K_\mathrm{t}}\right) \tag{6-51}$$

由于 $C_\mathrm{e}a\mathrm{IRV}$ 远远小于 1，上述公式可近似为：

$$\phi_\mathrm{m} = \phi_\mathrm{e} + \gamma_\mathrm{t}\exp\left(-g\frac{\mathrm{IRE}^\mathrm{h}}{K_\mathrm{t}}\right) \tag{6-52}$$

根据已有研究成果，砂岩的渗透率和孔隙率之间满足[202]：

$$\frac{k}{k_0} = \left(\frac{\phi_\mathrm{m}}{\phi_0}\right)^3 \tag{6-53}$$

因此，基质系统的渗透率控制方程为：

$$\frac{k_\mathrm{m}}{k_\mathrm{m0}} = \left[1 - \frac{\gamma_\mathrm{t}}{\phi_0} + \frac{\gamma_\mathrm{t}}{\phi_0}\exp\left(-g\frac{\mathrm{IRE}^\mathrm{h}}{K_\mathrm{t}}\right)\right]^3 \tag{6-54}$$

2. 裂隙渗流控制方程

砂岩加载过程中会伴随着损伤与微破裂，在临近峰值应力时，砂岩内部的微裂隙会发生不稳定扩展，因此必须考虑裂隙对渗流的影响。根据相关研究成果，基质变形造成的裂隙宽度变化为[203]：

$$\Delta b_\mathrm{m} = \frac{1}{3}s\varepsilon_\mathrm{s} \tag{6-55}$$

式中，ε_s 为应变；Δb_m 为基质变形造成的裂隙宽度变化；s 为基质块宽度。

同时，分析裂隙渗流时提出假设条件：①裂隙是各向异性的；②各个方向之间渗流是相互影响的。由于本书水力耦合实验仅仅只考虑 x 方向的渗流，因此，其裂隙的变化是由 y 和 z 两个方向基质变形同时造成的。y 方向基质变形造成的裂隙宽度变化 $\Delta b_\mathrm{x}^\mathrm{y}$ 可以等效为高度为 $(b+s)$ 的完整岩石在有效应力 $\sigma_\mathrm{e-x}^\mathrm{y}$ 作用下变形 Δl^y 减去高度为 s 的基质岩块在有效应力 $\sigma_\mathrm{e-x}^\mathrm{y}$ 作用下变形 $\Delta l_\mathrm{m}^\mathrm{y}$，有如下的表达式[203]：

$$\Delta b^\mathrm{y} = \Delta l^\mathrm{y} - \Delta l_\mathrm{m}^\mathrm{y} = (b+s)\frac{\sigma_\mathrm{e-x}^\mathrm{y}}{E} - s\frac{\sigma_\mathrm{e-x}^\mathrm{y}}{E_\mathrm{m}} = s(1-R_\mathrm{m})\frac{\sigma_\mathrm{e-x}^\mathrm{y}}{E} + b\frac{\sigma_\mathrm{e-x}^\mathrm{y}}{E} \tag{6-56}$$

式中，$R_\mathrm{m} = E/E_\mathrm{m} = K/K_\mathrm{m}$，称为弹性模量折减系数；$E$ 为岩石的弹性模量；E_m 为基质的弹性模量。

y 方向基质变形造成的裂隙应变 $\varepsilon_\mathrm{f-x}^\mathrm{y}$ 可以表示为：

$$\varepsilon_\mathrm{f-x}^\mathrm{y} = \frac{\Delta b^\mathrm{y}}{b} = \left[\frac{s(1-R_\mathrm{m})}{b} + 1\right]\frac{\sigma_\mathrm{e-x}^\mathrm{y}}{E} = \left[\frac{s(1-R_\mathrm{m})}{b} + 1\right]\varepsilon_\mathrm{e-x}^\mathrm{y} \tag{6-57}$$

由于裂隙宽度 b 远远小于基质的宽度 s，又裂隙初始孔隙率 $\phi_{\mathrm{f0}} = 3b/s$，故式（6-57）可以化简为：

$$\varepsilon_{\mathrm{f-x}}{}^{\mathrm{y}} = \left[\frac{s(1-R_{\mathrm{m}})}{b}\right]\varepsilon_{\mathrm{e-x}}{}^{\mathrm{y}} = \frac{3(1-R_{\mathrm{m}})}{\phi_{\mathrm{f0}}}\varepsilon_{\mathrm{e-x}}{}^{\mathrm{y}} \tag{6-58}$$

根据已有研究成果，裂隙渗透率可以表示为[203]：

$$k_{\mathrm{f}} = \frac{\rho g b^2}{12\mu} \tag{6-59}$$

故 y 方向基质变形造成 x 方向裂隙渗流控制方程可以表示为：

$$\frac{k_{\mathrm{f-x}}{}^{\mathrm{y}}}{k_{\mathrm{f-x0}}} = \left(\frac{b+\Delta b^{\mathrm{y}}}{b}\right)^3 = \left[1+\frac{3(1-R_{\mathrm{m}})}{\phi_{\mathrm{f0}}}\varepsilon_{\mathrm{e-x}}{}^{\mathrm{y}}\right]^3 \tag{6-60}$$

同理，由 z 方向基质变形造成 x 方向裂隙渗流控制方程可以表示为：

$$\frac{k_{\mathrm{f-x}}{}^{\mathrm{z}}}{k_{\mathrm{f-x0}}} = \left(\frac{b+\Delta b^{\mathrm{z}}}{b}\right)^3 = \left[1+\frac{3(1-R_{\mathrm{m}})}{\phi_{\mathrm{f0}}}\varepsilon_{\mathrm{e-x}}{}^{\mathrm{z}}\right]^3 \tag{6-61}$$

故 x 方向裂隙渗流控制方程可以表示为：

$$\frac{k_{\mathrm{f-x}}}{k_{\mathrm{f-x0}}} = \left[1+\frac{3(1-R_{\mathrm{m}})}{\phi_{\mathrm{f0}}}\varepsilon_{\mathrm{e-x}}{}^{\mathrm{y}}\right]^3 + \left[1+\frac{3(1-R_{\mathrm{m}})}{\phi_{\mathrm{f0}}}\varepsilon_{\mathrm{e-x}}{}^{\mathrm{z}}\right]^3 \tag{6-62}$$

3. 岩体渗流控制方程

根据 Van Colf-Racht 的研究成果，砂岩的渗透率可以看作是基质渗透率和裂隙渗透率的叠加[204]：

$$k = k_{\mathrm{m}} + k_{\mathrm{f}} \tag{6-63}$$

$$\frac{k}{k_0} = \frac{k_{\mathrm{m0}}}{k_{\mathrm{m0}}+k_{\mathrm{f0}}}\frac{k_{\mathrm{m}}}{k_{\mathrm{m0}}} + \frac{k_{\mathrm{f0}}}{k_{\mathrm{m0}}+k_{\mathrm{f0}}}\frac{k_{\mathrm{f}}}{k_{\mathrm{f0}}} \tag{6-64}$$

联立式（6-54）和式（6-64）代入式（6-62）中，可得到 x 方向总的渗流控制方程为：

$$\frac{k_{\mathrm{x}}}{k_{\mathrm{x0}}} = \frac{k_{\mathrm{m0}}}{k_{\mathrm{m0}}+k_{\mathrm{f-x0}}}\left[1-\frac{\gamma_{\mathrm{t}}}{\phi_0}+\frac{\gamma_{\mathrm{t}}}{\phi_0}\exp\left(-g\frac{\mathrm{IRE}^{\mathrm{h}}}{K_{\mathrm{t}}}\right)\right]^3 + \frac{k_{\mathrm{f0}}}{k_{\mathrm{m0}}+k_{\mathrm{f-x0}}}\left\{\left[1+\frac{3(1-R_{\mathrm{m}})}{\phi_{\mathrm{f0}}}\varepsilon_{\mathrm{e-x}}{}^{\mathrm{y}}\right]^3 + \left[1+\frac{3(1-R_{\mathrm{m}})}{\phi_{\mathrm{f0}}}\varepsilon_{\mathrm{e-x}}{}^{\mathrm{z}}\right]^3\right\} \tag{6-65}$$

依据第 5 章定义的损伤函数，对于压缩损伤，带红外辐射数据接口的损伤变量表达式为：

$$d = 1 - \{2\exp\left[-\beta^{-}(e\mathrm{CIRA}+f)\right] - \exp\left[-2\beta^{-}(e\mathrm{CIRA}+f)\right]\} \tag{6-66}$$

将砂岩加载过程中的损伤表达式（6-66）引入到渗流方程式（6-65）中，可得到考虑损伤的渗流控制方程表达式：

$$\frac{k_{\mathrm{x}}}{k_{\mathrm{x0}}} = \left\{\begin{array}{l} \dfrac{k_{\mathrm{m0}}}{k_{\mathrm{m0}}+k_{\mathrm{f-x0}}}\left[1-\dfrac{\gamma_{\mathrm{t}}}{\phi_0}+\dfrac{\gamma_{\mathrm{t}}}{\phi_0}\exp\left(-g\dfrac{\mathrm{IRE}^{\mathrm{h}}}{K_{\mathrm{t}}}\right)\right]^3 + \dfrac{k_{\mathrm{f0}}}{k_{\mathrm{m0}}+k_{\mathrm{f-x0}}} \\ \left\{\left[1+\dfrac{3(1-R_{\mathrm{m}})}{\phi_{\mathrm{f0}}}\varepsilon_{\mathrm{e-i}}{}^{\mathrm{y}}\right]^3 + \left[1+\dfrac{3(1-R_{\mathrm{m}})}{\phi_{\mathrm{f0}}}\varepsilon_{\mathrm{e-i}}{}^{\mathrm{z}}\right]^3\right\} \end{array}\right\}e^{\alpha_{\mathrm{k}}d} \tag{6-67}$$

以上为应力作用下带红外辐射数据接口的渗透率方程，将 6.2 节中的式（6-33）和式（6-34）代入上式即可获得水力耦合作用下温度演化模型，下节将以岩样 A_1 为例进行数值分析，岩样 A_1 相关数值分析参数见表 6-1。

表 6-1　岩样 A_1 相关数值分析参数

参数	定义	取值
E	弹性模量/GPa	21.2
u	泊松比	0.23
k_{m0}/k_{f0}	基质初始渗透率与裂隙初始渗透率之比	0.01
k_{x0}	X 方向初始渗透率/mD	5×10^{-4}
ϕ_0	基质初始孔隙率（%）	4.7
ϕ_{f0}	裂隙初始孔隙率（%）	0.8
p_m	基质流体压力/MPa	0.5
ρ_w	水的密度/(kg/m³)	1000
ρ	等效密度/(kg/m³)	2400
p_0	水压/MPa	0.45
γ_t	软体部分占岩石的比例（%）	1.6
μ	动力黏度/(Pa·s)	0.001
β	非达西流因子/m⁻¹	1.5×10^{11}

6.3　数值分析

6.3.1　非均质岩石随机损伤概率模型

　　天然岩石是由矿物颗粒和原生孔隙微裂隙组成的集合体，地下工程岩石由于受到复杂的地质条件影响，经过漫长的演化过程，其基质部分和孔隙微裂隙等微观特征都具有明显的非均一性。为了在数值分析中使得结果更加接近真实情况，通常依据岩石微观结构特征，选取合适的表征体单元（Representative Volume Element，RVE），并假设其力学特征服从某种概率密度演化方程，从而实现在数值分析中考虑非均一性的影响[205]。在分析岩石内部缺陷的分布特征时，通常假设应变服从威布尔（Weibull）分布，其表达式为[206]：

$$f(\varepsilon) = \frac{m}{\varepsilon_0}\left(\frac{\varepsilon}{\varepsilon_0}\right)^{m-1} \exp\left[-\left(\frac{\varepsilon}{\varepsilon_0}\right)^m\right] \tag{6-68}$$

　　式中，m 为威布尔分布函数的形状参数，用以表征岩石材料的非均一程度。

　　则微元强度的损伤变量表达式为：

$$D = \int f(\varepsilon)\mathrm{d}\varepsilon = 1 - \exp\left[-\left(\frac{\varepsilon}{\varepsilon_0}\right)^m\right] \tag{6-69}$$

　　对于某一岩石力学参数（例如弹性模型、峰值应力等）u，假设其服从威布尔分布，则有：

$$F(u) = 1 - \exp\left[-\left(\frac{u}{u_0}\right)^m\right] \tag{6-70}$$

　　式中，u_0 为威布尔分布的参数，为材料参数的平均值。本章采用 Monte Carlo 方法生成服从

（0，1）均匀分布一组随机数 ξ，令 $F(u) = \xi$，从而获得砂岩微元单位的参数，即：

$$u = u_0 \left[-\ln(1-\xi) \right]^{1/m} \tag{6-71}$$

直接通过理论求解本章建立的砂岩渗水过程中的多物理场模型将会非常不便，本章将建立的多物理场模型带入有限元软件进行数值求解，建立 50mm × 50mm 的二维模型，如图 6-7 所示。

注水孔的直径和深度均为 5cm，也即水在砂岩中水平方向的渗流距离为 5cm，本章建立的模型仅考虑了水平方向的渗流，因此建立了 50mm × 50mm 的二维模型。模型的左侧施加水压，为渗流边界，上方施加应力，右侧为温度观测面，对应于渗水实验中的红外辐射观测面。图 6-8 为不同均匀指数 m 对应的砂岩材料参数分布。如图 6-8 所示，随着参数 m 值的增加，砂岩材料参数的分布越均匀，本次数值分析中选取 $m = 3$ 生成非均匀的材料参数。

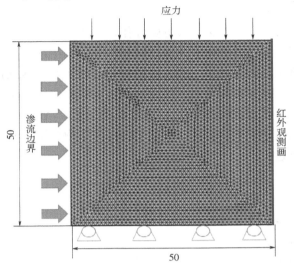

图 6-7　岩石试样模型及边界条件

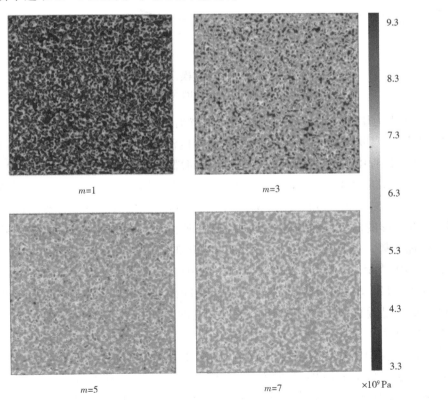

图 6-8　不同均匀指数 m 对应的砂岩材料参数分布

6.3.2 数值分析结果

将前文推导的砂岩水力耦合作用下砂岩内部"渗流-温度"模型代入有限元软件进行数值分析。图 6-9 为水力耦合作用下砂岩的"应力-应变"和"AIRT-时间"的实验和模拟曲线，如图 6-9 所示，水力耦合作用下砂岩的应力应变实验曲线与模拟曲线在开始加载至临近峰值应力时几乎一致，峰值应力时的实验曲线略高于模拟曲线。AIRT 的实验曲线在加载过程中高于模拟曲线，但在加载后期实验曲线与模拟曲线趋于一致。综合分析有限元软件模拟砂岩水力耦合作用下"应力-应变"和"AIRT-时间"曲线，基本与实验室结果相同，说明前文建立的水力耦合作用下的砂岩多物理场模型是合理的，可以模拟砂岩内部的多物理场演化过程。

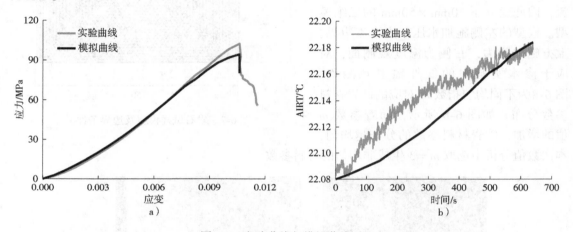

图 6-9　实验曲线与模拟曲线对比
a）应力应变曲线　b）AIRT 随时间变化曲线

图 6-10 为水力耦合作用下砂岩内部渗透率演化的空间分布云图，图 6-11 为水力耦合作用下砂岩"应力-温度-渗流温度-渗透性"随时间的演化曲线。如图 6-10 和图 6-11 所示，在 0 ~ 425s 的加载过程中，砂岩内部渗透率云图中间部位逐渐显示"X"形的白色，在 425s 时白色愈加明显，对应平均渗透率演化曲线呈近直线的增加趋势。从开始加载时的 $3.69 \times 10^{-16}m^2$ 增加至 425s 时的 $7.30 \times 10^{-16}m^2$。在 425 ~ 532s 的加载过程中，砂岩内部渗透率云图中间部位"X"形的白色愈加明显，且白色上出现了黄色区域，对应平均渗透率演化曲线呈近直线的增加趋势，但是直线的斜率相比 0 ~ 425s 的加载阶段有所增加，532s 时的平均渗透率为 $10.03 \times 10^{-16}m^2$。在 532 ~ 638s 的加载过程中，砂岩内部渗透率云图中间部位"X"形逐渐出现红色区域。638s 时红色区域几乎贯穿中间部位"X"区域，对应平均渗透率演化曲线在 532 ~ 638s 呈近直线的增加趋势，但是直线的斜率相比 425 ~ 532s 的加载阶段有所增加，638s 时的平均渗透率为 $18.63 \times 10^{-16}m^2$。

砂岩加载过程中伴随着微破裂和损伤，微破裂和损伤的发育会导致温度发生变化，其温度变化机制为热弹效应和摩擦热效应。与此同时，微破裂和损伤的发育会增大岩石的渗透性，进而促进水的渗流，而水将会降低渗流路径的温度，因此，本章实验中砂岩内部的温度是水力耦合作用下的温度。图 6-12 为砂岩内部仅考虑应力作用下的温度演化云图（未考虑渗流)。如图 6-12 所示，从开始加载至 638s，砂岩内部温度云图逐渐显示"X"形的白色，之后白色上出现了黄色区域。496s 时温度云图中间部位"X"形逐渐出现红色区域，最终红色区域几乎贯穿中间部位"X"区域。对应图 6-11 中温度曲线整体呈近直线的增加，开始加载时的温度值为 22.083℃，683s 时的温度值为 22.184℃。

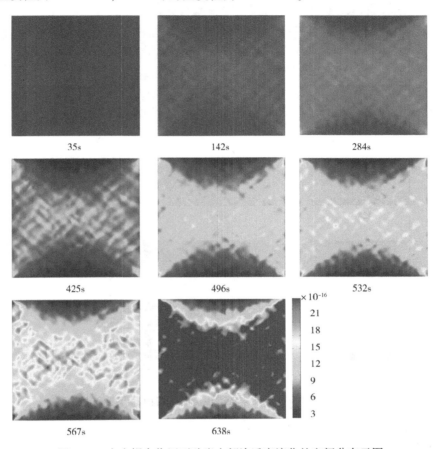

图 6-10　水力耦合作用下砂岩内部渗透率演化的空间分布云图

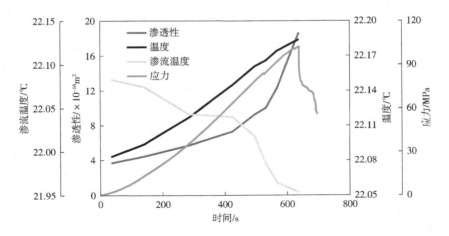

图 6-11　水力耦合作用下砂岩"应力-温度-渗流温度-渗透性"随时间的演化曲线

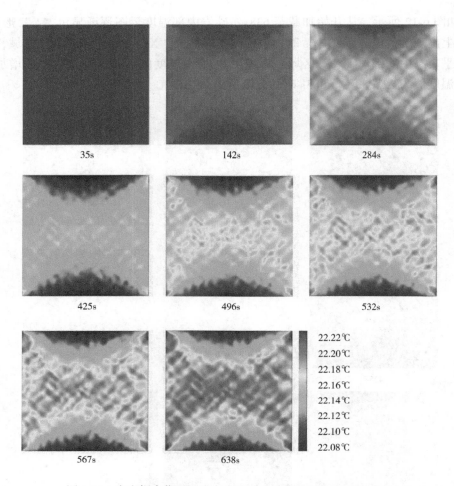

图 6-12　水力耦合作用下未考虑渗流时岩石内部温度演化云图

　　图 6-13 为水力耦合作用下考虑水平渗流时砂岩内部温度演化云图。如图 6-13 所示，在 0～284s 的加载过程中，砂岩内部的渗流区域不断增大，渗流区域的温度颜色逐渐转为淡蓝色。而非渗流区域云图逐渐由黄色向红色转变，对应图 6-11 中渗流温度曲线由开始加载时的 22.083℃，呈近直线的下降趋势，下降到 284s 时的 22.043℃。在 284～425s 的加载过程中，渗流区域的温度颜色逐渐转为浅蓝色，而非渗流区域云图开始转变为浅红，对应图 6-11 中渗流温度曲线呈近直线的下降趋势，下降到 425s 时的 22.040℃，下降速率相比 0～284s 加载阶段慢，作者认为尽管渗流区域温度在下降，但是非渗流区域温度上升较快。因此，砂岩内部的平均温度在该阶段下降较慢。在 425～638s 的加载过程中，砂岩内部的渗流区域面积不断增大，直至 638s 时非渗流区域消失，渗流区域的温度颜色逐渐转为深蓝色，对应图 6-11 中渗流温度曲线呈近直线的快速下降趋势。结合图 6-3a 中的声发射累计振铃计数曲线分析，累计振铃计数曲线在 458s 时开始快速增加，之后呈近指数的增长，这表明砂岩的变形已进入裂纹不稳定发育阶段，该阶段岩石的微破裂和损伤快速增加，对应图 6-11 中的渗透率快速增加。与此同时，渗流区域面积不断扩大，因此在 425～638s 的加载过程中渗流温度曲线呈近直线的快速下降趋势。

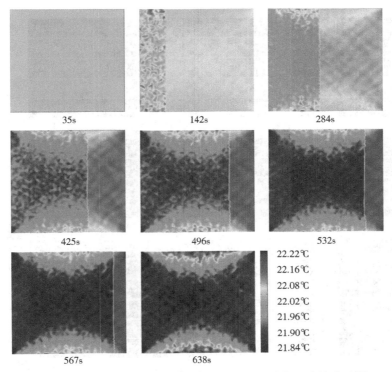

图 6-13　水力耦合作用下考虑水平渗流时砂岩内部温度演化云图

6.4　人工智能预测模型

人工智能模型的输入参数来源于实验获取的红外辐射、声发射以及数值分析分析得到的渗透率等参数，输出参数为数值分析得到的砂岩内部的温度极差和平均温度，表6-2为人工智能模型的输入和输出参数。图6-14为人工智能模型中输入和输出参数的相关性矩阵，显示了多数输入参数与输出变量的高度相关性，但输入参数4、6、9、10和11与输出变量的相关性较低，这些参数会影响模型的运行效率和预测准确率。因此，在数据分析阶段，该参数会从输入参数中删除。最初有16个输入参数，去除5个低相关参数后，用于预测模型的总输入参数为11个。

表 6-2　人工智能模型的输入和输出参数

参数编号	名称	类型	参数编号	名称	类型
1	时间	输入	10	最小红外辐射温度	输入
2	应变	输入	11	红外辐射方差	输入
3	应力	输入	12	差分红外辐射方差	输入
4	振铃计数	输入	13	平均渗透率	输入
5	累计振铃计数	输入	14	渗透率极差	输入
6	声发射能量	输入	15	最大渗流速度	输入
7	累计声发射能量	输入	16	渗流速度极差	输入
8	平均红外辐射温度	输入	17	内部温度极差	输出
9	最大红外辐射温度	输入	18	内部平均温度	输出

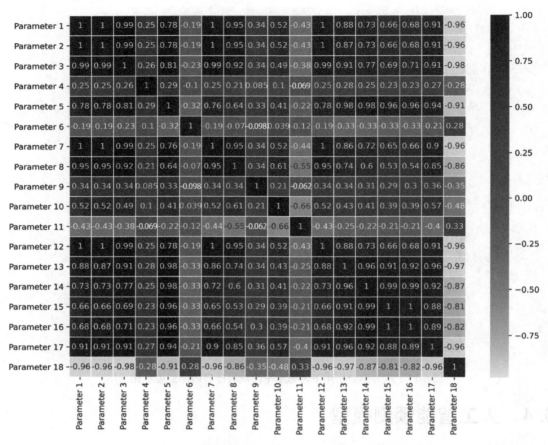

图 6-14　人工智能模型中输入和输出参数的相关性矩阵

本节选取人工神经网络、随机森林、"K-近邻"、多元线性回归和决策树等人工智能模型预测水力耦合作用下岩石内部的平均温度和温度极差。输入和输出的基本架构对于所有人工智能模型都是相同的，数据集分为三部分：训练（70%）、测试（15%）和验证（15%）。当采用人工神经网络进行预测时，对于输出参数 17 和 18，使用不同数量的神经元完成网络阶段，如训练、测试和验证。例如，71 个神经元获得了应力、应变和刚度的最佳回归模型。

表 6-3 为输出参数 17 和 18 的人工神经网络模型特征，人工神经网络模型的最佳结构为11-71-2，动量因子（Mu）调节神经网络迭代的权重，使用的动量因子值取决于具体问题，范围为 0 到 1。若动量因子值太小会导致网络收敛太慢，而过大将导致不稳定的收敛，并将导致最终解的混沌振荡。图 6-15 显示了人工神经网络模型的相关系数和均方根误差随神经元数量的变化趋势。如图 6-15 所示，当神经元的数量为 94 时，人工神经网络模型获得最高的相关系数和最低的均方根误差，也即取得了最佳预测效果。

表 6-3　最优神经网络模型的性质和拓扑结构

输出参量	最佳结构	神经元	R^2	RMSE	迭代次数	动量因子	梯度
内部温度极差	11-71-2	71	0.999	2.64	512	1×10^{-3}	2.46×10^{-8}
内部平均温度							

随机森林回归、K-近邻、多元线性回归和决策树模型是使用 Python Scikit 学习包实现的。在这项研究中，首先对数据进行标准化，以便将不同尺度上的测量值调整为标准尺度。然后根据 70% 的数据对模型进行训练，剩下的 30% 的数据被分成两个相等的部分，测试集（15%）和验证集（15%）。测试集用于调整超参数。在随机森林模型中，决策树的个数和最大深度超参数是不同的。

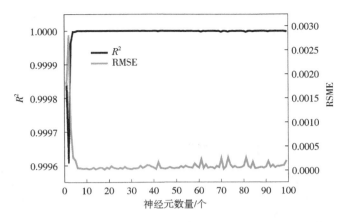

图 6-15　神经网络的 RMSE 和 R^2 随神经元数量的变化趋势

决策树的个数指的是随机森林回归模型在取得预测的最大平均值之前建立的决策树数，树的数量越多，性能越好，但会使模型的计算成本更高。最大深度超参数是随机森林中每个决策树的深度，最大深度超参数的数值高，可能会导致决策树模型过拟合。同样，在 K-近邻模型中，设置近邻数量过多会使算法精确，但计算成本较高。使用网格搜索法选择最佳超参数，网格搜索方法尝试为每个超参数选择一系列不同的值，并选择最佳组合。然而，在处理大型数据集时，通过为每个超参数设置大范围来选择超参数的最佳组合在计算上非常耗时。为了获得每个超参数的可行范围，在保持其余超参数不变的情况下，在不同水平上调节该值。表 6-4 列出了 K-近邻和随机森林回归模型的优化超参数，随机森林回归模型中决策数个数、最大深度和随机种子等超参数的最优数值分别为 32、10 和 42。K-近邻回归模型采用闵可夫斯基距离作为度量距离的方法，近邻数量超参数的最优数值为 5。

表 6-4　K-近邻和随机森林回归模型的优化超参数

参数名称	描述	数值
n_estimators	决策数的个数	32
max_depth	决策树最大深度	10
random_state	决策树随机种子	42
n_neighbors	近邻数量	5
Metric	KNN 使用的距离度量	闵可夫斯基距离

采用随机森林回归、K-近邻、多元线性回归和决策树模型对水力耦合作用下砂岩内部温度极差和内部平均温度的预测模型如图 6-16、图 6-17 所示，表 6-5 统计了采用随机森林回归、K-近邻、多元线性回归和决策树模型对砂岩内部温度极差和内部平均温度参量预测的相关系数和均方根误差。如图 6-16、图 6-17 所示，上述五种人工智能模型的预测值与实际值数值几乎一致，取得了较好的预测效果，但是多元线性回归的相关系数为 0.96，其余四种人工智能模型的相关系数均为 0.99。此外，随机森林回归模型的均方根误差值最小，为 0.00012，这表明其预测性能更为显著，因为它有很多数据树分支，数值计算简单和运行效率高，更适合预测水力耦合作用下砂岩内部的物理力学参量。

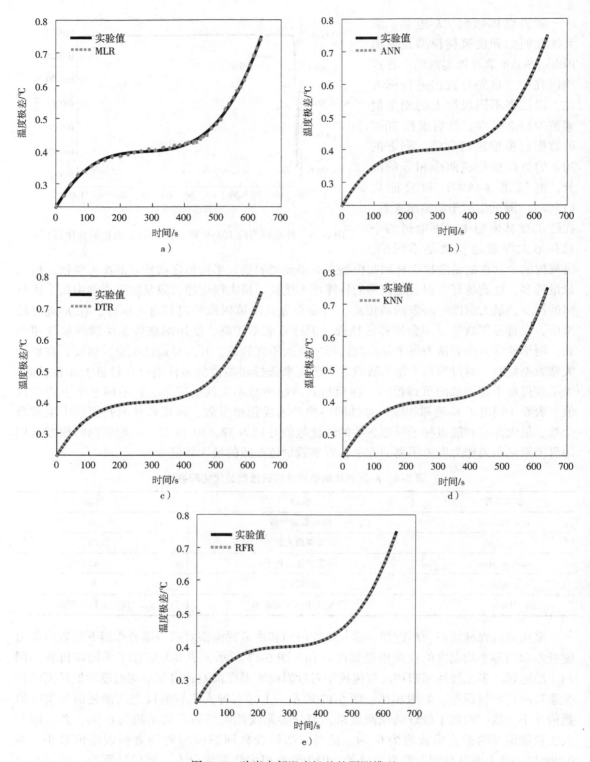

图 6-16　砂岩内部温度极差的预测模型
a）多元线性回归　b）人工神经网络　c）决策树　d）K-近邻　e）随机森林

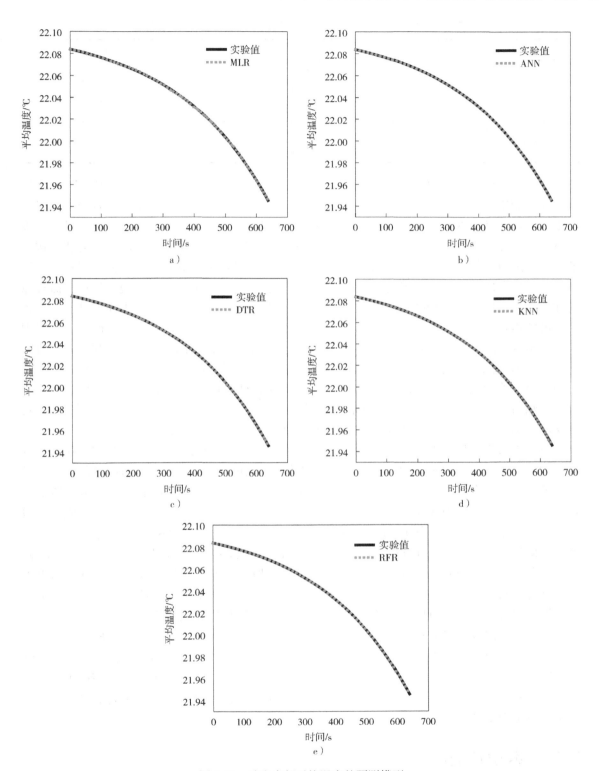

图 6-17　砂岩内部平均温度的预测模型
a) 多元线性回归　b) 人工神经网络　c) 决策树　d) *K*-近邻　e) 随机森林

表 6-5　人工智能模型预测值与实际值的相关系数和均方根误差

Name	均方根误差	R^2
MLR	3.24	0.96
ANN	2.64	0.99
DTR	0.00036	0.99
KNN	0.026	0.99
RFR	0.00012	0.99

　　本章初步建立了水力耦合作用下带红外辐射数据接口的砂岩内部"渗流-温度"演化模型，在模型中考虑了非均质性，并用代表性岩样的实验数据进行验证。水力耦合作用下岩石的损伤会促进其内部孔隙和微裂隙的起裂与扩展，进而增加渗透性，而水的渗流会对岩石破裂过程产生影响，水对岩石内部颗粒具有润滑作用，使得岩石内部颗粒间的粘结力和结构面的内摩擦因数降低。岩石在较低的应力下就会发生微裂纹的起裂和扩展，降低了岩石裂隙发育所需的耗散应变能，进而促进损伤的发展。与此同时，水促进了岩石的裂隙发育，而裂隙的加速发育会增加颗粒间摩擦搓揉产生的热量，也即促进了摩擦热效应，进而促进了红外辐射温度的增加。采掘工作面岩石的渗（突）水是多个参量影响下的非线性过程，依据细观损伤力学的观点，岩石细观非均匀性决定宏观非线性本质特征。因此，有必要在将来的研究中，分析水力耦合作用下岩石内部孔隙和微裂隙的细观力学特征，阐明不同损伤模式下岩石宏观耦合性能的细观力学机理和红外辐射温度场的响应机制，结合热弹效应、摩擦热效应以及红外辐射指标的物理意义，研究损伤、渗透性和红外辐射时空特征三者之间的内在联系，建立基于细观损伤力学的"损伤-渗透"模型的红外辐射量化表征方法。

　　对于水力耦合作用下的采掘工作面岩石，其宏观力学特征的非线性除了受到细观损伤特征的影响，还与特定微观结构下损伤与渗流的随机演化过程密切相关。岩石内部复杂的非线性与随机性的耦合作用，可能会导致工程岩石（体）非线性反应特征的涨落。尽管地下工程多场耦合理论、应力应变本构、非线性力学以及数值分析方法已经取得了丰富的成果，但是针对采掘工作面岩石（体）的非线性行为依然难于预测。尤其是随着煤炭开采向深部发展，煤矿的"三高一低"特点更加突出，极易在工程扰动下造成突发和猛烈的动力灾害，这也无疑为精准地预测岩石（体）的非线性行为增加了难度。究其原因，在于目前的水力耦合理论以及非线性力学的研究多关注于工程岩石（体）的非线性特征，而往往忽视了损伤与渗流演化过程的随机性。本章采用建立的"渗流-温度"演化模型以某一非均质系数为例分析了砂岩内部的渗流和温度特征。在今后的研究中，笔者将会分析不同均质性系数、不同细观特征对应的岩石内部渗流和温度演化过程，结合随机场和人工智能理论，构建基于红外辐射的岩石随机"渗流-温度"演化模型，以期最终建立可以反映采掘工作面围岩渗（突）水的非线性、随机性及其耦合影响的随机分析方法，为煤矿采掘工作面围岩的安全监测预警奠定理论基础。

6.5　本章小结

　　1）由于热弹效应和摩擦热效应，水力耦合作用下砂岩渗水前其表面的平均红外辐射温度呈不断上升的趋势，砂岩表面出现宏观微裂纹后开始发生渗水，对应平均红外辐射温度呈快速下降的趋势。

2）从非饱和多孔介质中去除六面微控制体，依据热力学第一定律建立六面微控制体的表达式，假设不饱和多孔介质的内能和基质吸水势能等价于相同体积均质连续介质中内能和基质吸水势能，结合非达西流表达式，推导了渗流速度与孔隙水压力的表达式，构建了砂岩内部渗流过程中温度与孔隙水压力的定量表达式。

3）基于经典的双弹簧模型，提出采用红外辐射表征砂岩的有效应力，建立了带红外辐射数据接口的基质系统渗透率控制方程，结合裂隙渗流控制方程和岩石渗流总控制方程，推导了砂岩内部水平方向渗流表达式。在此基础上，将带红外辐射数据接口的损伤变量带入渗流表达式，建立了基于红外辐射的砂岩内部水平方向渗流模型。

4）以渗透性作为数据接口，将基于红外辐射的渗流模型带入渗流过程中温度与孔隙水压力的定量表达式中，最终构建了水力耦合作用下带红外辐射数据接口的砂岩内部"渗流-温度"演化模型，将该模型代入有限元软件进行数值分析，发现理论应力和平均红外辐射温度曲线与实验值具有较好的一致性，表明本章建立的"渗流-温度"演化模型是合理的。

5）基于"渗流-温度"演化模型，分析砂岩内部的渗流场和温度场的演化特征，发现渗透率曲线前期呈近直线缓慢上升的趋势，在加载中后期，渗透率曲线呈近直线快速上升的趋势；不考虑渗流影响时，砂岩内部的平均温度曲线呈近线性的上升趋势；考虑渗流作用时，砂岩内部平均温度曲线整体呈下降的趋势，加载中期时平均温度曲线的下降速率加快，且下降速率加快的转折点与渗透率曲线快速上升的转折点一致。

6）本章采用不同的人工智能模型，即人工神经网络、随机森林回归、K-近邻、多元线性回归和决策树模型，建立了砂岩内部平均温度和温度极差的预测模型。除多元线性回归模型外，其余模型均取得了较好的预测效果，但随机森林回归模型性能显著，因为它有很多数据树分支，数值计算简单和运行效率高，更适合预测水力耦合作用下岩石内部的物理力学参量。

7）在今后的研究中，笔者将会分析不同均质性系数、不同细观特征对应的岩石内部渗流和温度演化过程，结合随机场和人工智能理论，构建基于红外辐射的岩石随机"渗流-温度"演化模型，以期最终建立可以反映采掘工作面围岩渗（突）水的非线性、随机性及其耦合影响的随机分析模型。

第7章　结论与展望

7.1　研究结论

    本书开展了不同侧向应力下的砂岩双轴实验，采用自行设计的加载岩石多参量监测系统，针对岩石内部"渗流-温度"的表面红外辐射信息量化表征科学问题，综合运用实验室实验、理论推导和数值分析等研究方法，分析了加载砂岩表面的声发射和红外辐射特征，确定了红外辐射与砂岩内部损伤破裂的内在联系，构建了基于红外辐射信息的砂岩三维塑性损伤本构模型，以及水力耦合作用下砂岩内部的"渗流-温度"演化模型，主要研究结论如下：

    1）提出了红外辐射温度曲线的分区域去噪方法，即将实验试样和参照试样等分为多个区域，将每一个实验试样的分区域与参照试样的所有分区域相减，并采用多项式拟合函数的相关系数作为分区域去噪的评价指标，以此实现分区域去噪，该去噪方法有效解决了高精度红外热像仪的非均匀性矫正难题。

    2）在分区域去噪的基础上，提出了红外辐射温度曲线的高斯核函数去噪新方法，即分析散乱温度点的空间拓扑关系，采用高斯核函数作为影响函数评估某一温度点对周围温度区域的影响力，并引入红外辐射能量作为确定高斯核函数阈值的红外指标，从而判别温度点是否为噪声，该方法可以快速检测出红外辐射离群点，有效解决了红外辐射温度曲线的波动漂移难题。结合分区域去噪方法，构建了"分区域-高斯核函数"的平均红外辐射温度去噪新模型，既创新了红外辐射去噪方法，也解决了双轴加载砂岩的红外辐射温度失真难题。

    3）基于红外热像图，采用百分位法确定了红外辐射温度矩阵中的高温点阈值，提出了高温点比例因子的红外辐射新指标，即高温点的数量占温度点总数的比例，该指标的物理意义为砂岩双轴加载过程中因微破裂而产生的高温点比值。在此基础上，定义了高温点比例因子振幅，采用二倍标准偏差作为高温点比例因子振幅突变的临界线，并提出了累计高温点比例因子振幅的红外辐射新指标，该指标为建立声热综合评价模型，以及后文构建基于红外辐射的损伤模型奠定了基础。

    4）基于主成分分析法构建了砂岩双轴加载过程中声热综合评价模型，该模型量化了各声热指标对砂岩破裂破坏的影响权重。基于该模型，提出了一种确定砂岩破坏前兆的新方法，该方法考虑了加载砂岩声发射和红外辐射数据的离散性。砂岩的声热综合评价模型曲线分为先升后降型和上升型两种，提出将声热综合评价模型一次导数的极小值和极大值分别作为先升后降型和上升型砂岩的破坏前兆点。

    5）基于塑性应变能和变形功转换方程，定义了等效塑性应变差值，阐明了加载砂岩的摩擦热效应；依据塑性区位置与裂纹尖端的欧氏距离，表征了裂纹塑性区的温度源密度函数，并基于热传导傅里叶定律推导并解析了裂纹扩展热效应表达式。结合已有的热弹效应表达式，构建了砂岩加载破裂过程中的红外辐射响应机制数学模型。

6）分析了不同力学参数（峰值应力、侧向应力、裂纹角度和裂纹长度）对加载砂岩应力强度因子的影响，将加载砂岩裂纹扩展过程中的热效应等效为应力强度因子不断增加的过程，进而等效为裂纹塑性区面积不断增加的过程，裂纹塑性区面积与应力强度因子呈近指数函数正相关关系。

7）砂岩裂纹扩展热效应的影响范围与应力强度因子呈近线性正相关关系，相关系数为 0.95。当应力强度因子小于 $6.82\,MPa/m^2$ 时，裂纹扩展热效应对周围区域几乎没有影响，当应力强度因子为 $17.00\,MPa/m^2$ 时，裂纹扩展热效应的影响范围为 $0.00981\,m$，也即对于本书实验中采用的 $50mm \times 50mm \times 100mm$ 尺寸的红砂岩，岩石表面红外辐射受到内部裂纹扩展热效应的影响范围最大为 $0.00981\,m$。

8）发现了砂岩双轴加载过程中红外辐射能量与有效应力呈近幂函数关系，建立了应力第一不变量和偏应力第二不变量的红外辐射量化表征方法，提出了采用累积高温点比例因子振幅表征砂岩的塑性体积应变。塑性部分基于有效应力建立，损伤模型由塑性应变驱动，构建了基于红外辐射的加载砂岩三维塑性损伤本构模型，该模型具有明确物理意义的输入参数，且考虑了砂岩的压密阶段，通过有限元软件子程序二次开发实现了砂岩双轴加载过程中的应力预测。

9）基于热力学第一定律和非达西流表达式，推导了砂岩渗流过程中内部温度与孔隙水压力的定量表达式。基于双弹簧模型，提出了采用红外辐射表征加载砂岩的有效应力，结合裂隙渗流控制方程和损伤变量方程，建立了基于红外辐射的水力耦合作用下砂岩内部"渗流-温度"演化模型。

10）基于砂岩内部"渗流-温度"演化模型，通过有限元软件二次开发获得了砂岩内部的渗流和温度演化曲线，发现渗透率曲线前期呈近直线缓慢上升的趋势，在加载中后期，渗透率曲线呈近直线快速上升的趋势；不考虑渗流影响时，砂岩内部的平均温度曲线呈近线性的上升趋势；考虑渗流作用时，砂岩内部平均温度曲线整体呈下降的趋势，加载中期时平均温度曲线的下降速率加快，且下降速率加快的转折点与渗透率曲线快速上升的转折点一致。

11）采用不同的人工智能模型，即人工神经网络、随机森林回归、"K-近邻"、多元线性回归和决策树模型，建立了砂岩内部平均温度和温度极差的预测模型。发现除了多元线性回归模型外，其余模型均取得了较好的预测效果，相关系数达 0.99。但随机森林回归模型性能更显著，因为它有很多数据树分支，数值计算简单和运行效率高，更适合预测水力耦合作用下砂岩内部的物理力学参量。

7.2　研究展望

1）本书建立的红外辐射响应机制模型没有考虑水对红外辐射的影响，以及张拉裂纹区域红外辐射的响应机制。今后应结合岩石材料细观力学、多尺度连续介质力学、传热学和应力应变张量等，引入新的内变量，研究数理统计后的岩石微观结构和微观量的红外辐射温度场概率分布演化特征，深入探讨水、岩石破裂和红外辐射三者之间的深层联系，并推导基于细观损伤力学和概率密度演化方程的加载岩石红外辐射演化模型，以期进一步揭示岩石表面红外辐射对内部变形及微破裂的响应机制。

2）本书建立的基于红外辐射的三维塑性损伤本构模型没有考虑岩石峰后阶段的应变软

化和细观损伤力学特征。在今后的研究中，作者将会建立应变软化过程中红外辐射指标与塑性变形的表象关联，将应变软化简化为带红外辐射数据接口的脆性跌落与塑性流动过程进行求解。在此基础上，研究岩石细观特征与红外热像图之间的内在联系，并结合断裂力学构建应变软化过程中微裂纹扩展区的红外辐射空间量化表征方法，最终建立基于红外辐射的岩石峰后阶段微裂纹塑性损伤本构模型。

3）岩石内部复杂的非线性与随机性的耦合作用，可能会导致工程岩石（体）非线性反应特征的涨落。尽管地下工程多场耦合理论、应力应变本构、非线性力学以及数值分析方法已经取得了丰富的成果，但是针对采掘工作面岩石（体）的非线性行为依然难于预测。在今后的研究中，作者将会分析不同均质性系数、不同细观特征对应的岩石内部渗流和温度演化过程，结合随机场和人工智能理论，构建基于红外辐射的岩石随机"渗流-温度"演化模型，以期最终构建可以反映采掘工作面围岩损伤破裂与渗（突）水的非线性、随机性及其耦合影响的随机场分析方法。

参 考 文 献

[1] 李洪言, 赵朔, 刘飞, 等. 2040 年世界能源供需展望: 基于《BP 世界能源展望 (2019 年版)》[J]. 天然气与石油, 2019, 37 (6): 1-8.

[2] 曹勇. 2040 年世界能源展望: 埃克森美孚 2018 版预测报告解读 [J]. 当代石油石化, 2018, 26 (4): 8-14.

[3] 佚名. 中国能源中长期 (2030, 2050) 发展战略研究 (煤炭部分) 课题启动 [J]. 中国煤炭学会简讯 (第 121 期). 2008.

[4] 孙海. 承载煤岩损伤演化的红外辐射响应机制及量化表征 [D]. 徐州: 中国矿业大学, 2008.

[5] 钱七虎. 规避岩爆事故重在机理研究 [J]. 科学中国人, 2011, (14): 59.

[6] 冯长根. 岩爆机理探索 [M]. 北京: 中国科学技术出版社, 2011.

[7] 张志镇. 岩石变形破坏过程中的能量演化机制 [D]. 徐州: 中国矿业大学, 2013.

[8] LI Z L, HE X Q, DOU L M, et al. Investigating the mechanism and prevention of coal mine dynamic disasters by using dynamic cyclic loading tests [J]. Safety Science, 2019, 115: 215-228.

[9] GONG F Q, YAN J Y, LI X B, et al. A peak-strength strain energy storage index for rock burst proneness of rock materials [J]. International Journal of Rock Mechanics and Mining Sciences, 2019, 117: 76-89.

[10] CAO K W, MA L Q, WU Y, et al. Using the characteristics of infrared radiation during the process of strain energy evolution in saturated rock as a precursor for violent failure [J]. Infrared Physics & Technology, 2020: 103-406.

[11] 马立强, 张东升, 郭晓炜, 等. 煤单轴加载破裂时的差分红外方差特征 [J]. 岩石力学与工程学报, 2017, 36 (S2): 3927-3934.

[12] 马立强, 张垚, 孙海, 等. 煤岩破裂过程中应力对红外辐射的控制效应试验 [J]. 煤炭学报, 2017, 42 (1): 140-147.

[13] FREUND F T. Earthquake forewarning -A multidisciplinary challenge from the ground up to space [J]. Acta Geophysica, 2013, 61 (4): 775-807.

[14] ZAN A, JAMES V T, DEAN R. Mapping rock forming minerals at Boundary Canyon, Death Valley National Park, California, using aerial SEBASS thermal infrared hyperspectral image data [J]. International Journal of Applied Earth Observation & Geoinformation, 2018, 64: 326-339.

[15] 朱莹, 丁兹瑞, 李艳, 等. 含白云石天然碳酸盐岩在中红外波段的辐射特性研究 [J]. 岩石矿物学杂志, 2019, 38 (6): 743-752.

[16] 刘善军, 吴立新, 王川婴, 等. 遥感-岩石力学 (Ⅷ): 论岩石破裂的热红外前兆 [J]. 岩石力学与工程学报, 2004, 23 (10): 1621-1627.

[17] 罗广衡, 潘坚文, 王进廷. 基于红外热成像的混凝土坝保温层缺陷检测方法 [J]. 水利水电技术, 2020, 51 (12): 71-77.

[18] HE M C, JIA X N, GONG W L, et al. Physical modeling of an underground roadway excavation in vertically stratified rock using infrared thermography [J]. International Journal of Rock Mechanics & Mining Sciences, 2010, 47 (7): 1212-1221.

[19] 周子龙, 常银, 蔡鑫. 不同加载速率下岩石红外辐射效应的试验研究 [J]. 中南大学学报 (自然科学版), 2019, 50 (05): 1127-1134.

[20] 刘善军, 吴立新, 张艳博, 等. 潮湿岩石受力过程红外辐射的变化特征 [J]. 东北大学学报 (自然科学版), 2010, 31 (02): 265-268.

[21] 吴立新，刘善军，吴育华，等. 遥感-岩石力学（IV）—岩石压剪破裂的热红外辐射规律及其地震前兆意义［J］. 岩石力学与工程学报，2004，23（04）：539-544.

[22] 刘善军，吴立新，吴焕萍，等. 多暗色矿物类岩石单轴加载过程中红外辐射定量研究［J］. 岩石力学与工程学报，2002，21（11）：1585-1589.

[23] WU L X, WANG J Z. Infrared radiation features of coal and rocks under loading［J］. International Journal of Rock Mechanics & Mining Sciences, 1998, 35（7）：969-976.

[24] 刘善军，吴立新，张艳博. 岩石破裂前红外热像的时空演化特征［J］. 东北大学学报，2009，30（7）：1034-1038.

[25] 吴立新，王金庄. 煤岩受压红外热象与辐射温度特征实验［J］. 中国科学（地球科学），1998，28（1）：41-46.

[26] 杜超. 深部盐岩弹塑性损伤与蠕变力学特性试验及其本构模型研究［D］. 重庆：重庆大学，2013.

[27] 周维垣. 高等岩石力学［M］. 北京：水利水电出版社，1990.

[28] 杨璐. 准脆性介质弹塑性-损伤耦合本构关系研究［D］. 沈阳：东北大学，2006.

[29] 李金云. 考虑高围压和高应变率的岩石类材料弹塑性损伤本构模型［D］. 天津：天津大学，2017.

[30] 谢和平. 岩石混凝土损伤力学［M］. 徐州：中国矿业大学出版社，1990.

[31] DRAGON A, MROZ Z. A continuum model for plastic-brittle behaviour of rock and concrete［J］. International Journal of Engineering Science, 1979, 17（2）：121-137.

[32] KRAJCINOVIC D, LEMAITRE J. Continuum damage mechanics theory and application［M］. Springer Vienna, 1987.

[33] RESENDE L. A damage mechanics constitutive theory for the inelastic behaviour of concrete［J］. Computer Methods in Applied Mechanics and Engineering, 1987, 60（1）：57-93.

[34] JU J W. On energy-based coupled elastoplastic damage theories: constitutive modeling and computational aspects［J］. International Journal of Solids and Structures, 1989, 25（7）：803-833.

[35] LUCCIONI B, OILER S, DANESI R. Coupled plastic-damaged model［J］. Computer Methods in Applied Mechanics and Engineering, 1996, 129（1-2）：81-89.

[36] MESCHKE G, LACKNER R, MANG H A. An anisotropic elastoplastic-damage model for plain concrete［J］. International Journal for Numerical Methods in Engineering, 1998, 42（4）：703-727.

[37] LEE J, FENVES G L. A plastic-damage concrete model for earthquake analysis of dams［J］. Earthquake Engineering and Structural Dynamics, 1998, 27（9）：937-956.

[38] LEE J, FENVES G L. Plastic-damage model for cyclic loading of concrete structures［J］. Journal of Engineering Mechanics, 1998, 124（8）：892-900.

[39] FARIA R, OLIVER J, CERVERA M. A strain-based plastic viscous-damage model for massive concrete structures［J］. International Journal of Solids and Structures, 1998, 35（14）：1533-1558.

[40] SALARI M R, SAEB S, WILLAM K J, et al. A coupled elastoplastic damage model for geomaterials［J］. Computer Methods in Applied Mechanics and Engineering, 2004, 193（27-29）：2625-2643.

[41] CICEKLI U, VOYIADJIS G Z, Abu Al-Rub R K. A plasticity and anisotropic damage model for plain concrete［J］. International Journal of Plasticity, 2007, 23（10-11）：1874-1900.

[42] VOYIADJIS G Z, TAQIEDDIN Z N, Kattan P I. Anisotropic damage-plasticity model for concrete［J］. International Journal of Plasticity, 2008, 24（10）：1946-1965.

[43] ABU Al-RUB R K, KIM S M. Computational applications of a coupled plasticity-damage constitutive model for simulating plaln concrete fracture［J］. Engineering Fracture Mechanics, 2010, 77（10）：1577-1603.

[44] CHIARELLI A S, SHAO J F, HOTEIT N. Modeling of elastoplastic damage behavior of a claystone［J］. International Journal of Plasticity, 2003, 19（1）：23-45.

［45］ SHAO J F，ZHOU H，CHAU K T. Coupling between anisotropic damage and permeability variation in brittle rocks［J］. International Journal for Numerical and Analytical Methods in Geomechanics，2005，29（12）：1231-1247.

［46］ SHAO J F，JIA Y，KONDO D，et al. A coupled elastoplastic damage model for semi-brittle materials and extension to unsaturated conditions［J］. Mechanics of Material，2006，38（3）：218-232.

［47］ ZHOU C Y，ZHU F X. An elasto-plastic damage constitutive model with double yield surfaces for saturated soft rock［J］. International Journal of Rock Mechanics and Mining Sciences，2010，47（3）：385-395.

［48］ CHEN L，SHAO J F，HUANG H W. Coupled elastoplastic damage modeling of anisotropic rocks［J］. Computers and Geotechnics，2010，37（1-2）：187-194.

［49］ SAKSALA T，IBRAHIMBEGOVIC A. Anisotropic viscodamage-viscoplastic consistency constitutive model with a parabolic cap for rocks with brittle and ductile behavior［J］. International Journal of Rock Mechanics and Mining Sciences，2014，70（9）：460-473.

［50］ BRUNING T，KARAKUS M，NGUYEN G D. An experimental and theoretical stress-strain-damage correlation procedure for constitutive modelling of granite［J］. International Journal of Rock Mechanics and Mining Sciences，2019，116：1-12.

［51］ CAI W，DOU L M，JU Y，et al. A plastic strain-based damage model for heterogeneous coal using cohesion and dilation angle［J］. International Journal of Rock Mechanics and Mining Sciences，2018，110：151-160.

［52］ CAO Y J，SHEN W Q，SHAO J F，et al. A multi-scale model of plasticity and damage for rock-like materials with pores and inclusions［J］. International Journal of Rock Mechanics and Mining Sciences，2021，138：104579.

［53］ GORNY V I. The earth outgoing IR radiation as an indicator of seismic activity［J］. Proc. Acsd. Sci. USSR，1988，30（1）：67-69.

［54］ 强祖基，徐秀登，赁常恭. 卫星热红外异常：临震前兆［J］. 科学通报，1990，35（17）：1324-1327.

［55］ OUZOUNOV D，FREUND F. Mid-infrared emission prior to strong earthquakes analyzed by remote sensing data［J］. Advancesin Space Research，2004，33（3）：268-273.

［56］ 崔承禹. 红外遥感技术的进展与展望［J］. 国土资源遥感，1992，（1）：16-26.

［57］ 耿乃光，崔承禹，邓明德. 岩石破裂实验中的遥感观测与遥感岩石力学的开端［J］. 地震学报，1992，11（S1）：645-652.

［58］ 耿乃光，崔承禹，邓明德，等. 遥感岩石力学及其应用前景［J］. 地球物理学进展，1993，8（4）：1-7.

［59］ 崔承禹，邓明德，耿乃光. 在不同压力下岩石光谱辐射特性研究［J］. 科学通报，1993，38（6）：538-541.

［60］ 邓明德，崔承禹. 岩石的红外波段辐射特性研究［J］. 红外与毫米波学报，1994，13（6）：425-430.

［61］ 耿乃光. 从遥感岩石力学的最新成果展望21世纪的地震监测［J］. 国际地震动态，1994，（12）：6-9.

［62］ 崔承禹. 岩石的热惯量研究［J］. 环境遥感，1994，9（3）：177-183.

［63］ 徐忠印，刘善军，吴立新，等. 常温下花岗岩受力热红外光谱变化与敏感响应波段［J］. 红外与毫米波学报，2013，32（1）：44-49.

［64］ 刘善军，吴立新，吴育华，等. 受载岩石红外辐射的影响因素及机理分析［J］. 矿山测量，2003，3：67-70.

［65］ 杨正仓，纪刘一舒，郭卫，等. 岩巷岩体失稳破坏的红外和声发射联合监测预警技术研究［J］. 金属矿山，2021，8（11）：33-40.

［66］ 吴立新，刘善军，吴育华. 遥感-岩石力学引论：岩石受力灾变的红外遥感［M］. 北京：科学出版

社，2007.

［67］刘善军，吴立新. 岩石受力的红外辐射效应［M］. 北京：冶金工业出版社，2005.

［68］吴立新，刘善军，吴焕萍，等. 地震红外遥感实验的热像处理系统与关键技术［J］. 红外技术，2002，24（4）：27-30.

［69］LIU S J, WU L X, WU Y H. Infrared radiation of rock at failure［J］. International Journal of Rock mechanics and Mining Sciences, 2006, 43（6）：972-979.

［70］WU L X, LIU S J, WU Y H, et al. Changes in infrared radiation with rock deformation［J］. International Journal of Rock Mechanics & Mining Sciences, 2002, 39（6）：825-831.

［71］WU L X, CUI C Y, GENG N G, et al. Remote sensing rock mechanics（RSRM）and associated experimental studies［J］. International Journal of Rock mechanics and Mining Sciences, 2000, 37（6）：879-888.

［72］WU L X, LIU S J, WU Y H, et al. Precursors for rock fracturing and failure-Part Ⅰ：IRR image abnormalities［J］. International Journal of Rock Mechanics & Mining Sciences, 2006, 43（3）：473-482.

［73］WU L X, LIU S J, WU Y H, et al. Precursors for rock fracturing and failure-Part Ⅱ：IRR T-curve abnormalities［J］. International Journal of Rock Mechanics & Mining Sciences, 2006, 43（3）：483-493.

［74］ZHAO Y X, JIANG Y D. Acoustic emission and thermal infrared precursors associated with bump-prone coal failure［J］. International Journal of Coal Geology, 2010, 83（1）：11-20.

［75］邓明德，耿乃光，崔承禹，等. 岩石红外辐射温度随岩石应力变化的规律和特征与声发射率的关系［J］. 西北地震学报，1995，17（4）：79-86.

［76］刘力强，陈国强，刘培洵，等. 岩石变形实验热红外观测系统［J］. 地震地质，2004，26（3）：492-499.

［77］刘培洵，刘力强，陈顺云，等. 地表岩石变形引起热红外辐射的实验研究［J］. 地震地质，2004，26（3）：502-511.

［78］董玉芬，王来贵，刘向峰，等. 岩石变形过程中红外辐射的实验研究［J］. 岩土力学，2001，22（2）：134-137.

［79］刘善军，魏嘉磊，黄建伟，等. 岩石加载过程中红外辐射温度场演化的定量分析方法［J］. 岩石力学与工程学报，2015，34：2968-2976.

［80］HE M C, GONG W L, LI D J, et al. Physical modeling of failure process of the excavation in horizontal strata based on IR thermography［J］. International Journal of Mining Science and Technology, 2009, 19（6）：689-698.

［81］GONG W L, GONG Y X, LONG A F. Multi-filter analysis of infrared images from the excavation experiment in horizontally stratified rocks［J］. Infrared Physics & Technology, 2013, 56（2）：57-68.

［82］GONG W L, WANG J, GONG Y X, et al. Thermography analysis of a roadway excavation experiment in 60° inclined stratified rocks［J］. International Journal of Rock Mechanics & Mining Sciences, 2013, 60（48）：134-147.

［83］宫伟力，何鹏飞，江涛，等. 小波去噪含水煤岩单轴压缩红外热像特征［J］. 华中科技大学学报（自然科学版），2011，39（6）：10-14.

［84］SUN H, MA L Q, NAJEEM A, et al. Background thermal noise correction methodology for average infrared radiation temperature of coal under uniaxial loading［J］. Infrared Physics & Technology, 2017, 81：157-165.

［85］马立强，王烁康，张东升，等. 煤单轴压缩加载试验中的红外辐射噪声特征与去噪方法［J］. 采矿与安全工程学报，2017，34（1）：114-120.

［86］PAPPALARDO G, MINEO S, ZAMPELLI S P, et al. Infrared thermography proposed for the estimation of the cooling rate index in the remote survey of rock masses［J］. International Journal of Rock Mechanics & Mining Sciences, 2016, 83：182-196.

［87］ IVO B，DAVID B，LUMÍR M. Application of infrared thermography for mapping open fractures in deep-seated rockslides and unstable cliffs ［J］. Landslides，2014，11（1）：15-27.

［88］ YACHNEV I L，PENNIYAYNEN V A，Podzorova SA，et al. Possible mechanism of infrared radiation reception：the role of the temperature factor ［J］. Tech Phys，2018，63（2）：303-306

［89］ MINEO S，PAPPALARDO G. The use of infrared thermography for porosity assessment of intact rock ［J］. Rock Mechanics and Rock Engineering，2016，49（8）：1-13

［90］ LOU Q，HE X. Experimental study on infrared radiation temperature field of concrete under uniaxial compression ［J］. Infrared physics & technology，2018，90：20-30.

［91］ HE M. Physical modeling of an underground roadway excavation in geologically 45° inclined rock using infrared thermography ［J］. Engineering Geology，2011，121（3）：165-176.

［92］ WANG S，LI D，LI C，et al. Thermal radiation characteristics of stress evolution of a circular tunnel excavation under different confining pressures ［J］. Tunnelling and Underground Space Technology，2018，78：76-83.

［93］ SUN X M，XU H C，HE M C，et al. Experimental investigation of the occurrence of rockburst in a rock specimen through infrared thermography and acoustic emission ［J］. International Journal of Rock Mechanics & Mining Sciences，2017，93：250-259.

［94］ MA L Q，SUN H，ZHANG Y，et al. Characteristics of infrared radiation of coal specimens under uniaxial loading ［J］. Rock Mechanics and Rock Engineering，2016，49（4）：1-6.

［95］ 刘沂琳，王创业，李昕昊. 水-岩作用下砂岩声发射与红外辐射耦合研究 ［J］. 长江科学院院报，2022，39（01）：127-133.

［96］ 来兴平，刘小明，单鹏飞，等. 采动裂隙煤岩破裂过程热红外辐射异化特征 ［J］. 采矿与安全工程学报，2019，36（04）：777-785.

［97］ 张艳博，杨震，姚旭龙，等. 基于红外辐射时空演化的巷道岩爆实时预警方法实验研究 ［J］. 采矿与安全工程学报，2018，35（02）：299-307.

［98］ 张艳博，李健，刘祥鑫，等. 巷道岩爆红外辐射前兆特征实验研究 ［J］. 采矿与安全工程学报，2015，32（05）：786-792.

［99］ 张艳博，李健，刘祥鑫，等. 水对花岗岩巷道岩爆红外辐射特征的影响 ［J］. 辽宁工程技术大学学报（自然科学版），2015，34（04）：453-458.

［100］ MA L Q，SUN H. Spatial-temporal infrared radiation precursors of coal failure under uniaxial compressive loading ［J］. Infrared Physics& Technology，2018，93：144-153.

［101］ SUN X M，XU H C，HE M C，et al. Experimental investigation of the occurrence of rockburst in a rock specimen through infrared thermography and acoustic emission ［J］. International Journal of Rock Mechanics and Mining Sciences，2017，93：250-259.

［102］ 梁冰，赵航，孙维吉，等. 不同位移加载速率下突出煤的红外辐射温度变化规律 ［J］. 实验力学，2019，34（4）：7.

［103］ 杨桢，齐庆杰，叶丹丹，等. 复合煤岩受载破裂内部红外辐射温度变化规律 ［J］. 煤炭学报，2016（3）：7.

［104］ 李鑫，李昊，杨桢，等. 复合煤岩变形破裂温度-应力-电磁多场耦合机制 ［J］. 煤炭学报，2020，45（5）：9.

［105］ 徐子杰，齐庆新，李宏艳，等. 冲击倾向性煤体加载破坏的红外辐射特征研究 ［J］. 中国安全科学学报，2013，23（10）：121-125.

［106］ 梁鹏，张艳博，田宝柱，等. 岩石破裂过程声发射和红外辐射特性及相关性实验研究 ［J］. 矿业研究与开发，2015（3）：57-60.

[107] 任瑞峰，梁鹏，孙林，等. 不同含水条件下巷道掘进面破裂红外辐射特征试验研究 [J]. 河南理工大学学报：自然科学版，2021，40（3）：18-25.

[108] 杨阳，吴贤振，刘浩，等. 基于欧氏距离的单轴压缩下粉砂岩热图像演化特性研究 [J]. 中国矿业，2017，26（3）：132-141.

[109] 田宝柱，刘善军，张艳博，等. 花岗岩巷道岩爆过程红外辐射时空演化特征室内模拟试验研究 [J]. 岩土力学，2016，37（3）：711-718.

[110] 王炯，高韧，于光远，等. 切顶卸压自成巷覆岩运动红外辐射特征试验研究 [J]. 煤炭学报，2020（S01）：119-127.

[111] 杨正仓，郭卫，赵辉，等. 基于极差的受载含孔洞岩石红外辐射温度场的定量分析 [J]. 金属矿山，2020，（12）：44-49.

[112] 黎立云，谢和平，马旭，等. 单向压缩下岩石表面温度与体积应变关系实验 [J]. 煤炭学报，2012，37（9）：1151-1155.

[113] 杨少强，杨栋，王国营，等. 页岩变形过程中表面红外辐射演化规律探究 [J]. 地下空间与工程学报，2019（1）：211-218.

[114] WANG C L, LU Z J, LIU L, et al. Predicting points of the infrared precursor for limestone failure under uniaxial compression [J]. International Journal of Rock Mechanics and Mining Sciences, 2016, 88: 34-43.

[115] 徐为民，童芜生，吴培稚. 岩石破裂过程中电磁辐射的实验研究 [J]. 地球物理学报，1985，28（2）：181-189.

[116] FENG J, YANG C L, XIONG H, et al. On anomalous electromagnetic phenomenan before an earthquake [J]. International Symposium on continental Seismicity and Earthquake prediction. Seismological Press Beijing China, 1984.

[117] 尹京苑，房宗绯，钱家栋，等. 红外遥感用于地震预测及其物理机理研究 [J]. 中国地震，2000，16（2）：140-148.

[118] FREUND F T. Earthquake forewarning — A multidisciplinary challenge from the ground up to space [J]. Acta Geophysica, 2013, 61（4）：775-807.

[119] FREUND F T, TAKEUCHI A, LAU B W S. Electric currents streaming out of stressed igneous rocks-A step towards understanding pre-earthquake low frequency EM emissions [J]. Physics & Chemistry of the Earth Parts A/b/c, 2006, 31（4）：389-396.

[120] FREUND F T, KULAHCI I, CYR Q, et al. Air ionization at rock surfaces and pre-earthquake signals [J]. Journal of Atmospheric and Solar-Terrestrial Physics, 2009, 71（17）：1824-1834.

[121] FREUND F T, HOENIG S A, BRAUN A, 等. 应力激活电流与软化岩石 [J]. 国际地震动态，2011（1）：104-109.

[122] 张艳博，刘翠萍，梁鹏，等. 水对粉砂岩受力破裂红外辐射温度敏感性实验 [J]. 辽宁工程技术大学学报：自然科学版，2016（3）：259-264.

[123] MA L Q, ZHANG Y, CAO K, et al. An experimental study on infrared radiation characteristics of sandstone samples under uniaxial loading [J]. Rock Mechanics and Rock Engineering, 2019, 52: 3493-3500.

[124] 周子龙，熊成，蔡鑫，等. 单轴载荷下不同含水率砂岩力学和红外辐射特征 [J]. 中南大学学报：自然科学版，2018，49（5）：1189-1196.

[125] 李晶哲，黄宏伟，马赟，等. 基于红外热成像技术的隧道衬砌渗漏水检测方法研究 [J]. 公路交通科技（应用技术版），2014（08）：223-225.

[126] 豆海涛，黄宏伟，薛亚东. 隧道衬砌渗漏水红外辐射特征影响因素试验研究 [J]. 岩石力学与工程学报，2011，30（12）：2426-2434.

[127] 豆海涛，黄宏伟，薛亚东. 隧道渗漏水红外辐射特征模型试验及图像处理 [J]. 岩石力学与工程学

报，2011，30（2）：3386-3391.

[128] 刘善军，张艳博，吴立新，等．混凝土破裂与渗水过程的红外辐射特征［J］．岩石力学与工程学报，2009，28（1）：53-58.

[129] 张艳博，陈宾宾，景广辉．花岗岩破裂渗水过程红外辐射与声发射特征研究［J］．金属矿山，2013，4：65-68.

[130] 孙林，李海洋，田宝柱，等．花岗岩破裂及突水红外时空演化实验研究［J］．矿业研究与开发，2017，37（9）：76-81.

[131] 张艳博，于光远，刘祥鑫，等．多场前兆信息辨识粉砂岩巷道突水模拟实验研究［J］．采矿与安全工程学报，2016，33（5）：886-892.

[132] 田国良．热红外遥感［M］．北京：电子工业出版社，2006.

[133] 陈衡．红外物理学［M］．北京：国防工业出版社，1985.

[134] 欧阳杰．红外电子学［M］．北京：北京理工大学出版社，1997.

[135] 张建奇，方小平．红外物理［M］．西安：西安电子科技大学出版社，2004.

[136] 水利部．水利水电工程岩石试验规程：SL/T 264—2020［S］．北京：中国水利水电出版社，2020.

[137] 李庆祥，黄嘉佑．对我国极端高温事件阈值的探讨［J］．应用气象学报，2011，22（2）：138-144.

[138] 罗梦森，熊世为，梁宇飞．区域极端降水事件阈值计算方法比较分析［J］．气象科学，2013，33（5）：549-554.

[139] 高祥，熊伟，徐金辉，等．粉砂岩失稳过程的红外高温点聚集异常［J］．有色金属科学与工程，2016，7（1）：68-73.

[140] CAO K W，MA L Q，ZHANG D S，et al. An experimental study of infrared radiation characteristics of sandstone in dilatancy process［J］. International Journal of Rock Mechanics and Mining Sciences，2020，（136）：104-503.

[141] 贺美芳．基于散乱点云数据的曲面重建关键技术研究［D］．南京：南京航空航天大学，2006.

[142] 汪鸿翔，柳培忠，骆炎民，等．高斯核函数卷积神经网络跟踪算法［J］．智能系统学报，2018，13（3）：388-394.

[143] 王双成，高瑞，杜瑞杰．基于高斯 Copula 的约束贝叶斯网络分类器研究［J］．计算机学报，2016，39（8）：122-129.

[144] 于进，钱锋．基于粒子群优化的高斯核函数聚类算法［J］．计算机工程，2010，36（14）：22-28.

[145] 张毅，刘旭敏，隋颖，等．基于 K-近邻点云去噪算法的研究与改进［J］．计算机应用，2009，29（4）：1011-1014.

[146] HAN J W，KAMBER M. 数据挖掘概念与技术［M］．北京：机械工业出版社，2007.

[147] 张艳博，刘善军．含孔岩石加载过程的热辐射温度场变化特征［J］．岩土力学，2011，32（4）：1013-1024.

[148] MA L Q，SUN H，ZHANG Y，et al. The role of stress in controlling infrared radiation during coal and rock failures［J］. Strain，2018，54（6）：1-12.

[149] 张艳博，梁鹏，刘祥鑫，等．基于多参量归一化的花岗岩巷道岩爆预测试验研究［J］．岩土力学，2016，37（1）：96-104.

[150] 成帅，李术才，李利平，等．基于多元监测信息融合分析的突水灾害状态判识方法［J］．岩土力学，2018，39（07）：2509-2517.

[151] 袁永才．隧道突涌水前兆信息演化规律与融合预警方法及工程应用［D］．济南：山东大学，2017.

[152] 林海明，杜子芳．主成分分析综合评价应该注意的问题［J］．统计研究，2013，30（8）：25-31.

[153] 骆行文，姚海林．基于主成分分析的岩石质量综合评价模型与应用［J］．岩土力学，2010，31（S2）：452-455.

［154］盛骤，谢式千，潘承毅．概率论与数理统计［M］．北京：高等教育出版社，2008.

［155］刘善军，吴立新．脆性岩石与有机玻璃受力红外辐射特征的比较［J］．岩石力学与工程学报，2007，（S2）：4183-4188.

［156］THOMSON W. On the dynamical theory of heat［J］. Earth and Environmental Science Transactions of the Royal Society of Edinburgh, 1853, 20：83-261.

［157］HOKE E, BIENAWSKI Z T. Brittle fracture propagation in rock under compression［J］. International Journal of Fracture Mechanics, 1965, 1：137-155.

［158］聂昕，肖兵兵，申丹凤，等．考虑变形热和摩擦热效应的热力耦合冲压研究［J］．中国机械工程，2020，31（16）：2005-2015.

［159］MAJIDI O, BARLAT F, LEE M G. Effect of slide motion on springback in 2-D draw bending for AHSS［J］. International Journal of Material Forming, 2016, 9（3）：313-326.

［160］曹安业，井广成，窦林名，等．不同加载速率下岩样损伤演化的声发射特征研究［J］．采矿与安全工程学报，2015，32（6）：923-935.

［161］刘保县，黄敬林，王泽云，等．单轴压缩煤岩损伤演化及 AE 特性研究［J］．岩石力学与工程学报，2009，28（S1）：3234-3238.

［162］李杰，冯德成，任晓丹，等．混凝土随机损伤本构关系工程参数标定与应用［J］．同济大学学报：自然科学版，2017，45（8）：1099-1107.

［163］强洪夫，鲁宁，刘兵吉．小范围屈服条件下裂尖塑性区统一解［J］．机械工程学报，1999，35（1）：1-12.

［164］YU M H, HE L N. A new model and theory on yield and failure of materials under complex stress state［J］. Mechanical Behaviour of Materials, 1991, 3（3）：841-846.

［165］俞茂宏．强度理论新体系［M］．西安：西安交通大学出版社，1992.

［166］俞茂宏．岩土类材料的统一强度理论及其应用［J］．岩土工程学报，1994，16（2）：1-9.

［167］中国航空研究院．应力强度因子手册［M］．北京：科学出版社，1993.

［168］袁龙蔚，智荣斌，李之达．流变断裂学基础［M］．北京：国防工业出版社，1992.

［169］刘峰．工程聚合物热流变效应及其温度场的研究［D］．武汉：武汉理工大学，2007.

［170］LEMAITRE J. How to use damage mechanics［J］. Nuclear Engineering and Design. 1984, 80（2）：233-234.

［171］SANCHIDRIÁN, JOSÉ A, OUCHTERLONY F, et al. Size distribution functions for rock fragments［J］. International Journal of Rock Mechanics and Mining Sciences, 2014, 71：381-394.

［172］张慧梅，雷利娜，杨更社．等围压条件下岩石本构模型及损伤特性［J］．中国矿业大学学报，2015，44（1）：59-63.

［173］张慧梅，杨更社．冻融与荷载耦合作用下岩石损伤模型的研究［J］．岩石力学与工程学报，2010，29（3）：471-476.

［174］张慧梅，雷利娜，杨更社．温度与荷载作用下岩石损伤模型［J］．岩石力学与工程学报，2014，33（A02）：3391-3396.

［175］张慧梅，谢祥妙，彭川，等．三向应力状态下冻融岩石损伤本构模型［J］．岩土工程学报，2017，39（8）：1444-1452.

［176］谢和平，陈忠辉．岩石力学［M］．北京：科学出版社，2004.

［177］张艳博，吴文瑞，姚旭龙，等．单轴压缩下花岗岩声发射、红外特征及损伤演化试验研究［J］．岩土力学，2020（S01）：139-146.

［178］MA L Q, ZHANG Y, CAO K, et al. An Experimental study on Infrared radiation characteristics of sandstone samples under uniaxial loading［J］. Rock Mechanics and Rock Engineering, 2019, 52：3493-3500.

［179］汪泓，杨天鸿，刘洪磊，等. 循环载荷下干燥及饱和砂岩的变形及声发射特征［J］. 东北大学学报：自然科学版，2016（37）：1161-1165.

［180］鲁祖德. 裂隙岩石水-岩作用力学特性试验研究与理论分析［D］. 武汉：中国科学院研究生院武汉岩土所，2010.

［181］白卫峰，郭磊，陈守开，等. 混凝土统计损伤力学［M］. 北京：中国水利水电出版社，2015.

［182］WU J Y, LI J, FARIA R. An energy release rate-based plastic-damage model for concrete ［J］. International journal of Solids and Structures, 2006, 43：583-612.

［183］REN X, ZENG S, LI J. A rate-dependent stochastic damage-plasticity model for quasi-brittle materials ［J］. Computational Mechanics , 2015, 55：267-285.

［184］ORTIZ M. A constitutive theory for the inelastic behavior of concrete ［J］. Mechanics of materials, 1985, 4：67-93.

［185］JU J. On energy-based coupled elastoplastic damage theories：constitutive modeling and computational aspects ［J］. International Journal of Solids and structures, 1989, 25：803-833.

［186］SIMO J C, HUGHES T J. Computational inelasticity ［M］. Springer Science & Business Media, 2006.

［187］GRASSL P, JIRÁSEK M. Damage-plastic model for concrete failure ［J］. International journal of solids and structures, 2006, 43, 22：7166-7196.

［188］JIRASEK M, Bazant ZP. Inelastic analysis of structures ［M］. John Wiley & Sons, 2001.

［189］KANG H D, WILLAM K J. Localization characteristics of triaxial concrete model ［J］. Journal of engineering mechanics, 1999, 125：941-950.

［190］KAKAVAND M R A, TACIROGLU E. An enhanced damage plasticity model for predicting the cyclic behavior of plain concrete under multiaxial loading conditions ［J］. Frontiers of Structural and Civil Engineering, 2020, 14：1531-1544.

［191］UNTEREGGER D, FUCHS B, HOFSTETTER G. A damage plasticity model for different types of intact rock ［J］. International Journal of Rock Mechanics and Mining Sciences, 2015, 80：402-411.

［192］GRASSL P, XENOS D, NYSTRÖM U, Rempling R, Gylltoft K. CDPM2：A damage-plasticity approach to modelling the failure of concrete ［J］. International Journal of Solids and Structures, 2013, 50：3805-3816.

［193］LEE J, FENVES G L. Plastic-damage model for cyclic loading of concrete structures ［J］. Journal of engineering mechanics, 1998, 124：892-900.

［194］郭子红，刘新荣，刘保县，等. 基于塑性体积应变的岩石损伤变形特性实验研究 ［J］. 实验力学，2010, 25（3）：293-298.

［195］JAYNES E T. Information theory and statistical mechanics ［J］. Physical review, 1957, 106（4）：620-630.

［196］ZHANG F, ZHANG X, LI Y, et al. Quantitative description theory of water migration in rock sites based on infrared radiation temperature ［J］. Engineering Geology, 2018, 241：64-75.

［197］陈占清，李顺才，蒲海，等. 采动岩体蠕变与渗流耦合动力学 ［M］. 北京：科学出版社，2010.

［198］张建营. 采动破碎岩体非线性渗流规律研究 ［D］. 徐州：中国矿业大学，2019.

［199］姚明博，李镜培. 水压作用下硫酸盐在混凝土桩中的侵蚀分布规律 ［J］. 同济大学学报：自然科学版，2019, 47（8）：1131-1136.

［200］CUI Y F, MAO D K. Error self-canceling of a difference scheme maintaining two conservation laws for linear advection equation ［J］. Mathematics of Computation, 2012, 81：715-741.

［201］LIU H H, RUTQVIST J, BERRYMAN J G. On the relationship between stress and elastic strain for porous and fractured rock ［J］. International Journal of Rock Mechanics and Mining Sciences, 2009, 46：289-296.

［202］PAN Z, CONNELL L D. Modelling permeability for coal reservoirs：A review of analytical models and testing data [J]. International Journal of Coal Geology, 2012, 92: 1-44.

[203] LIU J S, CHEN Z W, Elsworth D, et al. Evaluation of stress-controlled coal swelling processes [J]. International Journal of Coal Geology, 2010, 83: 446-455.

[204] VAN GOLF-RACHT T D. Fundamentals of fractured reservoir engineering [M]. Elsevier Scientific Publishing. Company, Amsterdam, 1982.

[205] 张明, 李仲奎, 苏霞. 准脆性材料弹性损伤分析中的概率体元建模 [J]. 岩石力学与工程学报, 2005, 24 (23): 4282-4288.

[206] 梁正召, 唐春安, 张永彬. 准脆性材料的物理力学参数随机概率模型及破坏力学行为特征 [J]. 岩石力学与工程学报, 2008, 27 (4): 718-727.